工程力学

主编　周　强

电子科技大学出版社
University of Electronic Science and Technology of China Press
·成都·

图书在版编目（CIP）数据

工程力学 / 周强主编. — 成都：电子科技大学出版社，2022.12

ISBN 978-7-5770-0067-1

Ⅰ.①工… Ⅱ.①周… Ⅲ.①工程力学–高等学校–教材 Ⅳ.①TB12

中国国家版本馆CIP数据核字（2023）第003187号

工程力学
GONGCHENG LIXUE
周　强　主编

策划编辑　　李述娜　杜　倩
责任编辑　　黄杨杨

出版发行　　电子科技大学出版社
　　　　　　成都市一环路东一段159号电子信息产业大厦九楼　邮编　610051
主　　页　　www.uestcp.com.cn
服务电话　　028-83203399
邮购电话　　028-83201495

印　　刷　　石家庄汇展印刷有限公司
成品尺寸　　185 mm × 260 mm
印　　张　　14.25
字　　数　　270 千字
版　　次　　2022 年 12 月第 1 版
印　　次　　2022 年 12 月第 1 次印刷
书　　号　　ISBN 978-7-5770-0067-1
定　　价　　88.00 元

前　言

工程力学是力学的一个重要分支，它是从构件的受力分析开始，研究构件的平衡和运动规律、变形和破坏规律，为工程构件的设计和制造提供基本的理论依据和实用的计算方法。工程力学将力学基本原理应用于实际的工程系统，是沟通自然科学基础理论与工程实践的桥梁。

本书是为了适应应用型高等教育发展的需求、完善应用型高等教育教材的配套建设而编写的。在本书的撰写过程中，作者坚持以应用为主的指导思想，以基本理论和基本技能为主体，同时注重简化理论推导和论证，旨在让读者可以更好地理解内容。

本书共分 3 篇：静力学篇、运动学篇和材料力学篇。第 1 章至第 3 章为静力学篇，包括"静力学公理和物体的受力分析""平面力系"和"空间力系"；第 4 章至第 6 章为运动学篇，包括"点的运动与刚体的基本运动""点的合成运动"和"刚体的平面运动"；第 7 章至第 13 章为材料力学篇，包括"材料力学的基本概念""拉伸、压缩与剪切""扭转""弯曲""应力状态与强度理论""组合变形"和"压杆稳定"。

本书为"江西省高等学校教学改革研究课题"和"南昌大学学位与研究生教育教学改革研究项目"的研究成果之一，反映了作者长期教学和科研工作的积累，注重与工程实际相结合。本书得到了"《工程力学》课程差异化教学模式改革与实践"和"《工程力学实用分析软件》课程案例教学法的探索与实践"两个研究项目的资助。由于时间比较仓促，书中难免存在一些不足之处，还望广大读者予以批评指正，以便改进。

编　者
2022 年 10 月

目　录

静　力　学　篇

运　动　学　篇

材料力学篇

绪　　论

　　力学是一门研究物质机械运动规律的科学。世界上的物质，不管是有形的固体还是无形的气体，都是力学的研究对象。

　　力学在现代科学体系中具有举足轻重的地位，主要体现在两个方面：第一，力学是自然科学的重要组成部分，近代科学的发展始于牛顿对力学的研究与阐述，牛顿在建立经典力学过程中所创造的现代自然科学方法论，是近代科学发展的根基。第二，力学为众多应用科学，尤其是工程科学，奠定了理论基础。现代的许多重要工程技术，如机械工程等，都是建立在力学的基础上。利用力学的相关理论可以解决工程实践中诸多技术难题，因此，力学已经从一门基础学科逐渐发展成以工程技术为背景的应用基础学科。

　　工程力学作为力学的重要分支，是从构件的受力分析开始，研究构件的平衡和运动规律，以及变形和破坏规律，为工程构件的设计和制造提供基本的理论依据和实用的计算方法。工程力学将力学基本原理应用于实际的工程系统，是沟通自然科学基础理论与工程实践的桥梁。本书主要从静力学、运动学和材料力学三个方面介绍工程力学的基本知识。

　　静力学研究物体的平衡规律，同时也研究力的一般性质及其合成法则。通过对物体的受力分析，对作用在物体上的复杂力系进行简化，总结力系的平衡条件，列出力的平衡方程，找出平衡物体上所受的力与力之间的关系。

　　运动学研究物体的运动性质，如物体的运动轨迹、速度、加速度等。

　　材料力学研究工程构件在外力作用下其内部产生的力、这些力的分布以及在这些力的作用下材料发生的变形等。

　　工程力学的研究方法大致可归纳为理论分析法、实验分析法和计算机分析法。根据研究对象的不同和研究的问题不同，所使用的方法也存在一些差异。

　　静力学和运动学的研究对象是刚体，它在建立研究对象力学模型的基础上，根据相关的概念与理论，采用数学推导方法，确定物体在外力作用下的运动。

　　材料力学的研究对象是变形体，它主要研究物体在外力作用下产生的变形和内力，以及这些变形和内力对会构件产生怎样的影响。针对这类问题，主要通过平衡、变形协调以及变形和内力之间的物理关系去研究变形规律和内力分布规律。

静力学篇

静力学主要研究如下三个问题。

（1）物体的受力分析。分析物体受几个力以及这些力作用的位置和方向。

（2）力系的简化。用简单的等效力系代替给定力系，这也是静力学研究的基础。

（3）各种力系的平衡条件。研究作用在物体上的各力系所需要满足的平衡条件，这是静力学计算的基础。

静力学在工程中有非常广泛的应用。

第1章 静力学公理和物体的受力分析

1.1 静力学的基本概念

1.1.1 刚体的概念

刚体是指在力的作用下不发生变形的物体。显然，这是理想化的模型，因为在现实生活中并不存在这样的物体，但借助这一理想化的模型，可以使实际物体研究中的一些问题得到简化。

将物体抽象为刚体是有条件的，如果在研究的问题中物体的变形是主要因素，便不能将物体抽象为刚体，而是要将物体看作变形体。

1.1.2 力的概念

在长期的生产实践中，人类逐渐对力的概念形成了科学的认识：力是物体间的相互作用，在力的作用下，物体的运动状态或形状会发生改变。

从上述概念可知，力对物体的效应表现为两个方面：一是使物体的运动状态发生改变，称其为外效应或运动效应；二是使物体的形状发生改变，称其为内效应或变形效应。静力学主要研究力对物体的外效应。

力对物体的效应取决于力的三个要素：大小、方向和作用点。

力的大小能够反映物体之间相互作用的强弱程度。为了度量力的大小，必须首先确定力的单位，按照国际单位制，力的单位是牛顿（N）或千牛顿（kN）。

力的方向是指力的作用线在空间的方位和指向。例如，水平向左、铅直向下等。

力的作用点是指力在物体上的作用位置。两个物体接触并相互作用时，力总是按照不同的方式分布于物体接触面的各点上。当接触面积很小时，可以将此面视为点，这个点称为力的作用点，该作用力称为集中力；当接触面积较大且不能忽略时，力在整个接触面上分布作用，这种分布作用的力称为分布力。由此可见，力的作用点是力的作用位置的抽象化。

在力学研究中，大家要对标量和矢量加以区分。标量是只需一个数就可以确定的量，如时间、质量等都属于标量的范畴。若在确定某种量时，既要考虑其大小，又要考虑其方向，则这类量为矢量（或向量）。力是矢量，可以用具有方向的线段来表示。力的表示如图 1-1 所示，线段的起点 A 或终点 B 表示力的作用点，线段所沿的直线称为力的作用线。

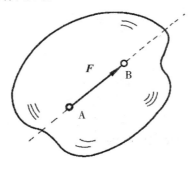

图 1-1　力的表示

1.2　静力学的基本公理

静力学的基本公理是人类在长期的生产和生活实践中，经过反复观察和实验总结出来的普遍规律。它阐述了一些基本性质，是静力学研究的基础。

1.2.1　二力平衡公理

二力平衡公理：作用于刚体上的两个力平衡的充要条件是这两个力大小相等、方向相反、作用在一条直线上。

力的平衡如图 1-2 所示，在直杆的两端施加一对大小相等的拉力或压力，可使直杆平衡。

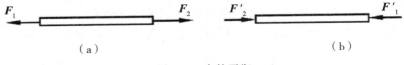

（a）　　　　　　　　　　　　　　（b）

图 1-2　力的平衡

这个公理表明了刚体只受两个力作用而平衡时应满足的条件。需要强调的是，该条件对刚体来说是充分且必要的，对于非刚体来说，该条件是不充分的。比如，软绳在受到一对拉力的作用时可以实现平衡，但在一对压力的作用下不能实现平衡。

在两个力的作用下，处于平衡状态的物体被称为二力构件。根据二力平衡公理可知，作用在二力构件上的两个力，在沿两个力作用点的连线（与构件的形状无关）上，必须是反向、等值的，二力构件如图1-3所示。

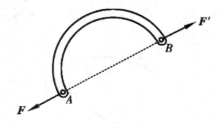

图1-3　二力构件

1.2.2　加减平衡力系公理及推论

1. 加减平衡力系公理

加减平衡力系公理：在作用于刚体的力系中，加上或减去任意平衡力系，并不改变原力系对刚体的作用效应。

由于平衡力系对刚体的作用效应相互抵消，所以其对刚体所起的效应等于零。因此，在刚体的原力系上增加或减少任意平衡力系后，不会改变刚体的运动状态。依据这个原理，可以进行力的等效变换。

2. 推论：力的可传性原理

力的可传性原理：作用于刚体上某点的力，可沿其作用线移动到刚体内任意一点，而不改变该力对刚体的作用效应。

利用加减平衡力系公理，可以证明力的可传性原理。力的可传性原理如图1-4所示，在刚体的 A 点施加力 F，在力 F 作用线上的任意一点（ B 点）施加平衡力系 F_1 和 F_2，并使 $F = F_1 = -F_2$。依据加减平衡力系公理可知，F_1 和 F_2 不会改变力 F 对物体的作用效应。同时，根据二力平衡公理可知，F 和 F_2 也可以看作是平衡力系，所以将 F 和 F_2 撤掉之后，物体的状态也不会改变。由此可知，力 F_1 和 F 是等效的，即 F_1 可以看作是力 F 沿其作用线由 A 点移至 B 点的结果。

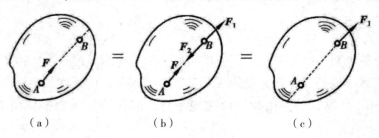

（a）　　　　　　　（b）　　　　　　　（c）

图1-4　力的可传性原理

需要强调的是，加减平衡力系公理与力的可传性原理只适用于研究物体的外效应，不适用于研究物体的内效应。

1.2.3　力的平行四边形法则及三角形法则

作用于物体上同一点的两个力，可以合成为一个合力，合力也作用于该点，其大小和方向用以两个分力为邻边所构成的平行四边形的对角线来表示。平行四边形法则矢量示意图如图 1-5 所示，其矢量表达式为

$$F_1 + F_2 = F_R \qquad\qquad (1-1)$$

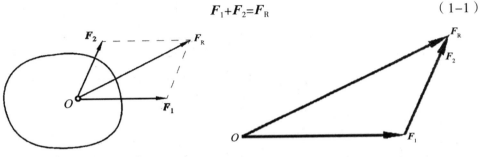

图 1-5　平行四边形法则矢量示意图　　　　图 1-6　三角形法则矢量示意图

在求两个力的合力时，为了方便作图，只需要画出平行四边形的一半，即三角形即可，三角形法则矢量示意图如图 1-6 所示。作图方法：自 O 点先画出矢量 F_1，然后从 F_1 的终点出发画出矢量 F_2，最后连接 O 点和矢量 F_2 的终点，得到矢量 F_R（F_1、F_2 的合力矢）。

利用力的平行四边形法则，也可以将作用在物体上的一个力分解成两个分力，因为由一条线段可以作出无数个平行四边形，所以在分解力时有无数个选择。在实际应用中，通常将一个力分解为方向已知且相互垂直的两个分力，力的分解如图 1-7 所示。

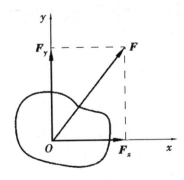

图 1-7　力的分解

1.2.4 三力平衡交汇定理

三力平衡交汇定理：刚体受不平行的三个力作用而平衡时，这三个力的作用线必共面且交汇于一点。

如图 1-8 所示，在刚体的 A、B、C 三点分别作用了三个力 F_1、F_2、F_3，根据力的可传性原理，可以使力 F_1、F_2 的作用交汇到 O 点，由平行四边形法则可以求得其合力 F_{R12}，由二力平衡公理可知，力 F_{R12} 和力 F_3 大小相等、方向相反。

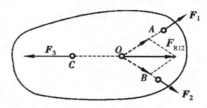

图 1-8　三力平衡交汇

根据三力平衡交汇定理，可确定物体在共面但不平行的三个力作用下平衡时，其中某未知力的方向。

1.2.5 作用力与反作用力公理

作用力与反作用力公理：两个物体间的作用力和反作用力大小相等、方向相反、作用线相同。

作用力和反作用力不会单独出现，它们总是成对出现的。作用力与反作用力公理和二力平衡公理是不同的，前者是对两个物体而言，后者是对一个物体而言。

1.3 约束与约束力

1.3.1 约束与约束力的概念

工程结构中的构件都是相互联系又相互制约的。A 构件在对 B 构件产生作用的同时，也受 B 构件的反作用。例如，火车轮对铁轨产生作用，火车轮同时也受铁轨的限制作用；挂在绳索上的物体对绳索产生作用，同时也受绳索的限制作用。这些阻碍物体运动的限制条件称为约束。

物体受的力有主动力和约束力之分。主动力是指能够促使物体产生运动或运动趋势的力。主动力通常都是已知的。当物体沿某方向的运动受到约束限制时，约束对物体就有作用力，这个限制物体运动或运动趋势的作用力称为约束力。约束力的方向和其所限制的物体的运动或运动趋势的方向相反，其作用点是约束与被约束物体的接触点。

1.3.2　约束模型

在工程实际中，构件间相互连接的形式是多种多样的，把一构件与其他构件的连接形式，按其限制构件运动的特性抽象为理想化的力学模型，称为约束模型。由于约束的类型不同，约束力的作用方式也不同，下面介绍几种常见的约束模型。

1. 柔体约束模型

由绳索、链、带等柔性物形成的约束都可以简化为柔体约束模型。该类约束只能承受拉力，不能承受压力。沿柔体的中线，背离受力物体的约束力，称为柔性约束，用符号 F_T 表示。

如图 1-9（a）所示，当起重机吊起物体时，物体通过钢绳悬挂在吊钩上，此时钢绳 AC、BC 对物体的约束力沿钢绳中线背离物体，如图 1-9（b）所示。如果柔体中包含轮子，如图 1-10（a）所示，那么将轮子也看成柔体的一部分，约束力作用于切点，沿柔体中线，背离轮子，如图 1-10（b）所示。

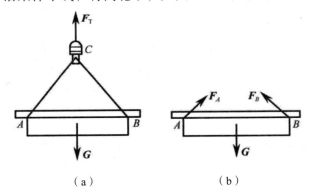

（a）　　　　　　　　　　　（b）

图 1-9　起重机吊起物体时的柔体约束

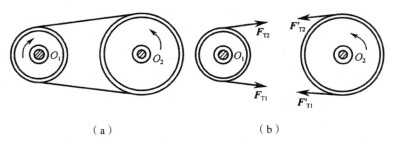

（a）　　　　　　　　　　　（b）

图 1-10　传动带上的柔体约束

2. 光滑面约束模型

在现实生活中，构件与约束的接触面并不是完全光滑的，而为了方便研究，忽略接触面的摩擦力与接触间的变形，将接触面看作是完全光滑的刚性接触面，这种约束称为光滑面约束。

光滑面约束只限制物体沿接触面公法线方向的运动，所以其约束力沿接触面的公法线，指向受力物体，用符号 F_N 表示。

如图 1-11 所示，放在地面上的物体受重力作用对地面产生力的作用（G），地面则对物体产生支承作用 F_N，其约束力竖直指向物体。如图 1-12 所示，圆柱形构件放在 V 形槽中，在 A、B 两点受 V 形槽槽面的支承作用，其约束力沿接触面公法线指向构件。

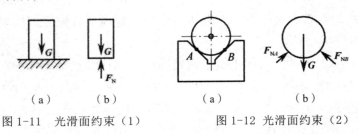

图 1-11　光滑面约束（1）　　　　图 1-12　光滑面约束（2）

3. 固定端约束模型

物体的一部分固嵌于另一物体所构成的约束，称为固定端约束，如图 1-13（a）所示。这种约束不仅限制物体沿任何方向移动，还限制物体转动。平面固定端约束用一对正交分力 F_x、F_y 和一约束力偶 M 表示，如图 1-13（b）所示。

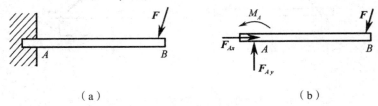

图 1-13　固定端约束

4. 光滑铰链约束模型

用圆柱销钉连接的两构件称为铰链。对于具有这种特性的连接方式，忽略不计其变形和摩擦，销钉与物体实际上是以两个光滑圆柱面相接触的，所以可以将其理想化为约束模型——刚性光滑铰链约束模型。

光滑铰链约束主要分为以下三种形式。

（1）中间铰链。如图 1-14（a）所示，用销钉将两个活动构件连接起来，销钉只限制构件销孔端的相对移动，不限制构件绕销轴的相对转动。中间铰链的约

束力可用一对正交分力 F_x、F_y 表示，如图 1-14（b）所示。图 1-15 中，连接 AB
杆和 CD 杆的 B 点的铰链便为中间铰链。

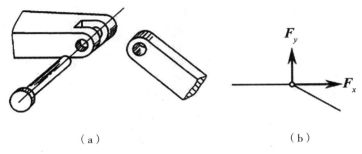

（a）　　　　　　　　　　　　　　　（b）

图 1-14　光滑铰链约束（1）

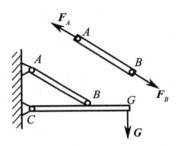

图 1-15　中间铰链

（2）固定铰链。如图 1-16（a）所示，用销钉将物体和固定机架或支承面等
连接起来，销钉也只能限制构件销孔端的相对移动，不能限制构件绕销轴的相对
转动。固定铰链的约束力可用一对正交分力 F_x、F_y 表示，如图 1-16（b）所示。
图 1-17 中，连接固定件和 AC 杆的铰链便是固定铰链。

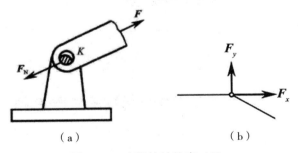

（a）　　　　　　　　　　　　　　　（b）

图 1-16　光滑铰链约束（2）

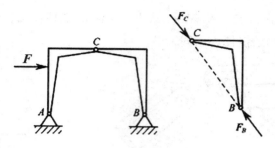

图 1-17　固定铰链

约束中间铰链和固定铰链支座的约束力过铰链的中心，方向不确定。通常用两个正交分力 F_x、F_y 表示。必须指出的是，当中间铰链或固定铰链约束的是二力构件时，其约束力满足二力平衡条件，方向沿两约束力作用点的连线，方向是确定的。

（3）活动铰链。在铰链支座的底部安装一排滚轮，可使支座沿固定支承面滚动，这就是工程中常见的活动铰链支座，其简图如图 1-18 所示。这类约束相当于光滑面约束，只限制沿固定支承面法线方向的移动，因此其约束反力 F_N 的作用线沿支承面法线并通过铰链中心。钢桥架、大型钢梁，通常一端用固定铰链，另一端用活动铰链支承。

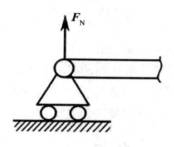

图 1-18　活动铰链

1.4　物体的受力分析与受力图

研究静力学问题时，首先要明确研究的对象，其次分析物体的受力情况，最后运用相应的平衡方程，根据已知条件求解未知量。工程中的结构大多非常复杂，所以需要解除限制该物体运动的全部约束，把该物体从与它相联系的周围物体中分离出来，单独画出这个物体的图形，此图称为分离体。分离的过程就是解除约束的过程，在解除约束的地方用相应的约束力来代替约束的作用。在分离体上画出物体所受的全部主动力和约束力，此图称为研究对象的受力图。

对物体进行正确的受力分析并画出受力图，是求解力学问题的关键。画受力图的一般步骤：

（1）明确研究对象，取分离体；

（2）根据已知条件，在分离体上画出所有的主动力；

（3）根据分离体原来受到的约束类型，在分离体上画出所有的约束力。

下面举例说明如何画物体的受力图。

【例 1-1】如图 1-19（a）所示，将重量为 G 的梯子（AB）放在光滑的地面上并靠在垂直于地面的墙上，在 D 点用一根绳索将梯子和墙连接起来，绳索呈水平方向，画出梯子的受力图。

【解】（1）将梯子作为研究对象，从周围的物体中分离出来，画出分离体简图。

（2）在梯子的重心处画上梯子的重力 G（主动力），方向垂直向下。

（3）根据光滑接触面及柔性约束的约束特点，A、B 处的约束力 F_{NA}、F_{NB} 分别垂直于墙面和地面，并指向梯子；绳索的约束力 F_{TD} 则沿着绳索的方向指向墙面。受力图如图 1-19（b）所示。

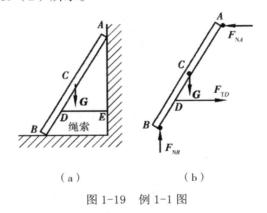

（a）　　　　　　　　　（b）

图 1-19　例 1-1 图

【例 1-2】如图 1-20（a）所示，梁 AB 受到集中力 F 的作用，其 A 端为固定铰链支座约束，B 端为活动铰链支座约束，画出梁的受力图。

【解】（1）取 AB 为研究对象，撤去 AB 两处的约束，画出分离体简图。

（2）在梁 AB 的中心点画出主动力 F。

（3）在受约束的 A、B 两处画出约束力。A 处为固定铰链支座约束，其反力可用通过铰链中心 A 且相互垂直的分力 F_{xA}、F_{yA} 表示；B 处为活动铰链支座约束，其反力通过铰链中心且垂直于支承面（F_{RB}）。受力图如图 1-20（b）所示。

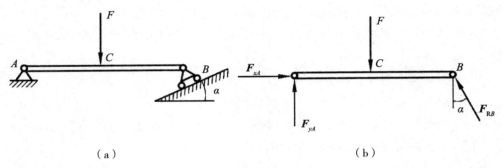

（a） （b）

图 1-20　例 1-2 图 （1）

此外，梁 *AB* 在三个互不平行的力的作用下处于平衡状态，所以也可以依据三力平衡汇交定理进行受力分析。已知 F 和 F_{RB} 的受力方向，将其作用线延伸，相交于 *D* 点，由于梁 *AB* 处于平衡状态，所以 *A* 处的约束力 F_{RA} 也应该通过 *D* 点，由此可以确定 F_{RA} 的方向。受力图如图 1-21 所示。

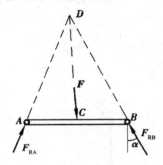

图 1-21　例 1-2 图 （2）

【例 1-3】如图 1-22（a）所示，在墙上用绳子 *BC* 挂着重量为 *G* 的球体，画出受力图。

【解】（1）将球从周围的物体中分离出来，画出分离体简图。

（2）在球的重心位置画出球的主动力（重力 G），方向垂直向下。

（3）画出墙面对球的约束力。根据光滑面约束力的特点，*D* 处的约束力 F_N 通过球心，并垂直于墙面；绳子的约束力 F_T 则沿着绳子背离球体，根据三力平衡交汇定理可知，F_T 通过球心。受力图如图 1-22（b）所示。

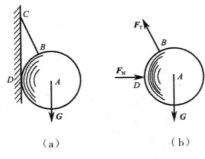

（a）　　　　　　　　　　（b）

图 1-22　例 1-3 图

思考题

1. 什么是刚体？什么是力的作用点？什么是矢量？力对物体的效应有哪些？

2. 在静力学中，哪些公理适用于刚体？哪些公理对刚体和非刚体都适用？

3. 何谓二力杆？二力平衡公理是否能应用到变形体？如果对不可伸长的钢索施加二力作用，其平衡的充分条件和必要条件是什么？

4. 如果作用在刚体上的三个力处在同一个平面上，且交汇于一点，该刚体是否一定平衡？

5. 确定约束力方向的原则是什么？

6. 能否将作用在 AB 杆上的力 F，如图 1-23（a）所示，沿其作用线移动到 BC 杆上，如图 1-23（b）所示？为什么？

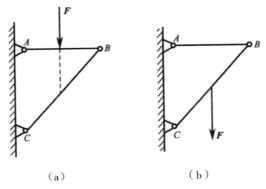

（a）　　　　　　　　　　（b）

图 1-23　思考题 6 图

习题

画出如图 1-24 所示物体的受力图。

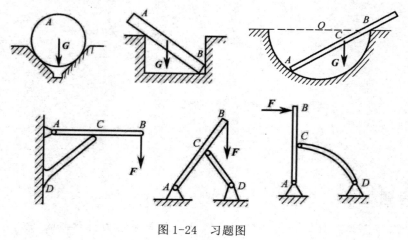

图 1-24　习题图

第2章　平面力系

2.1　平面汇交力系

2.1.1　平面汇交力系的概念

在平面力系中，各力作用线汇交于一点的力系称为平面汇交力系。平面汇交力系是最简单、最基本的力系。

2.1.2　平面汇交力系合成的几何法

两个力组成的汇交力系的合成可以根据平行四边形法则或三角形法则来完成。对于多个力组成的汇交力系的合成，可以将其理解为多次的两个力的合成，所以可以连续应用平行四边形法则或三角形法则，逐个合成每个力，然后求出汇交力系的合力。

如图 2-1（a）所示，在求 F_1、F_2、F_3、F_4 的合力时，可以先应用三角形法则求出 F_1、F_2 的合力 F_{12}，再求出 F_{12} 和 F_3 的合力 F_{123}，最后求出 F_{123} 和 F_4 的合力 F_R，如图 2-1（b）所示。上述过程可以概括为连续使用三角形法则，将各力首尾相接，得到一条矢量折线，而合力就是从最初的起点指向最末的终点，这样，多边形被合力封闭。这种求合力的方法称为力的多边形法则。

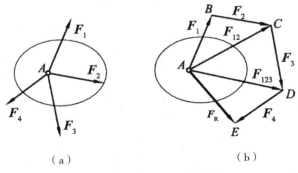

（a）　　　　　　　　　　（b）

图 2-1　多边形法则求合力

上述求合力的多边形法则是通过几何作图实现的，所以上述方法也被称为几何法。

在应用力的多边形法则求合力时，采取不同的合成顺序，得到的力多边形的形状也不同，但最终得到的合力不变。

力的多边形法则推广到求平面中任意汇交力系的合力时，可表示为

$$F_R = F_1 + F_2 + F_3 + \cdots + F_n \tag{2-1}$$

即平面汇交力系合成的结果是一合力，合力的大小和方向等于原力系中各力的矢量和，其作用点是原力系各力的汇交点。

2.1.3 平面汇交力系平衡的几何条件

从前面的论述可知，平面汇交力系合成的结果是一合力。若物体在平面汇交力系的作用下保持平衡，则该力系的合力等于零。由此可知，如果力系的合力等于零，那么物体在该力系的作用下必然处于平衡状态。因此，平面汇交力系平衡的必要和充分条件是平面汇交力系的合力等于零，即

$$F_R = \sum_{i=1}^{n} F_i = 0 \tag{2-2}$$

如图 2-2（a）所示，假设有平面汇交力系 F_1，F_2，F_3，…，F_n，当使用多边形法则求合力时，最后一个力的终点与第一个力的起点重合，说明该力系的合力等于零。此时，各个力的作用线构成了封闭的力多边形，如图 2-2（b）所示。由此可见，力多边形自行闭合是平面汇交力系平衡的必要和充分条件。

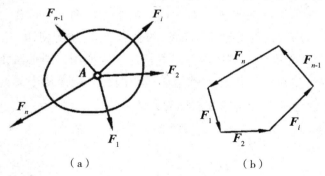

（a）　　　　　　　　　　（b）

图 2-2　力多边形自行闭合

2.1.4 平面汇交力系合成的解析法

平面汇交力系合成的几何法简洁、直观，但难以保证精度，所以在力学中解析法的应用更为普遍。所谓解析法，是指通过列代数表达式来求解的方法，又称数解法。

1.力在坐标轴上的投影

如图 2-3 所示，建立直角坐标系 Oxy，在坐标系内取一点 A，力 F 作用在 A 点上，用 $\overrightarrow{AB}$ 表示。经过 A、B 两点分别向 x 轴和 y 轴作垂线，得到垂足 A_1、B_1 和 A_2、B_2，则线段 A_1B_1 和 A_2B_2 的长度加以正负号分别为力 F 在 x 轴和 y 轴上的投影，记为 X、Y。

规定：当力的始端到终端的投影方向与投影轴的正向一致时，力的投影取正值；反之，当力的始端到终端的投影方向与投影轴的正向相反时，力的投影取负值。

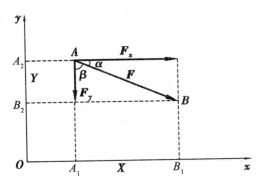

图 2-3　力 F 在坐标轴上的投影

设力 F 与 x 轴的夹角为 α，则由图 2-3 可知

$$X=F\cos \alpha$$
$$Y=-F\sin \alpha \tag{2-3}$$

通常情况下，如果已知力 F 与 x 轴和 y 轴所成的锐角分别为 α、β，那么该力在 x 轴和 y 轴上的投影分别为

$$X=\pm F\cos \alpha$$
$$Y=\pm F\cos \beta \tag{2-4}$$

即力在坐标轴上的投影，等于力的大小与力和该轴所夹锐角余弦的乘积。当力与轴平行时，力在轴上投影的大小等于力的大小；当力与轴垂直时，力在轴上的投影等于零。

反过来，如果已知力 F 在坐标轴上的投影 X、Y，那么也可以求出力 F 的大小和方向，即

$$\begin{cases} F=\sqrt{X^2+Y^2} \\ \tan\alpha=\left|\dfrac{Y}{X}\right| \end{cases} \tag{2-5}$$

式中，α 为力 F 与 x 轴所成的锐角，其所在的象限由 X、Y 的正负号确定。

在图 2-3 中，如果把力 F 沿着 x 轴和 y 轴进行分解，可以得到分力 F_x、F_y。需要强调的是，力的分力和投影是两个概念：分力是矢量，不仅包含大小，还包含方向，而投影是标量，只有大小和正负，没有方向。由图 2-3 可知，在直角坐标系中，力在坐标轴上投影的绝对值和分力的大小是相等的。

2. 合力投影定理

如图 2-4（a）所示，假设在物体的 A 点受到平面力系 F_1、F_2、F_3 的作用。如图 2-4（b）所示，从 A 点开始作力的多边形 $ABCD$，线段 AD 确定合力 F_R。在力系平面内任取一轴 x，将各个力投影到 x 轴上，得

$$X_1 = A_1B_1,\quad X_2 = B_1C_1,\quad X_3 = C_1D_1,\quad X_R = A_1D_1$$

而 $A_1D_1 = A_1B_1 + B_1C_1 + C_1D_1$，因此得

$$X_R = X_1 + X_2 + X_3$$

这一关系可推广到任意汇交力系的情形，即

$$X_R = X_1 + X_2 + X_3 + \cdots + X_n = \sum_{i=1}^{n} X_i \tag{2-6}$$

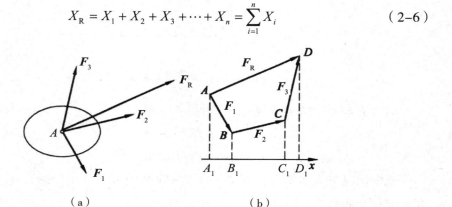

（a）　　　　　　　　　　（b）

图 2-4　合力投影

由上述推论可知，合力在任一坐标轴上的投影，等于各分力在同一坐标轴上投影的代数和。这便是合力投影定理。该定理揭示了合力投影与分力投影间的关系，为进一步用解析法求平面汇交力系的合力奠定了基础。

3. 用解析法求平面汇交力系的合力

如果平面汇交力系已知，可选择直角坐标系，求出各力在 x 轴和 y 轴上的投影，再求出合力 F_R 在 x 轴和 y 轴上的投影 F_{Rx}、F_{Ry}。由几何关系，可以通过下式求得合力投影 F_R 的大小和方向：

$$\begin{cases} F_R = \sqrt{F_{Rx}^2 + F_{Ry}^2} = \sqrt{\left(\sum F_x\right)^2 + \left(\sum F_y\right)^2} \\ \tan\alpha = \left|\dfrac{F_{Ry}}{F_{Rx}}\right| = \dfrac{\left|\sum F_y\right|}{\left|\sum F_x\right|} \end{cases} \tag{2-7}$$

式中，α 为合力 F_R 与 x 轴所成的锐角；$\sum F_x$、$\sum F_y$ 分别为各分力在 x 轴、y 轴上投影的代数和。F_R 根据 $\sum F_x$ 与 $\sum F_y$ 的正负号来确定象限。

2.1.5 平面汇交力系平衡的解析条件

平面汇交力系平衡的必要和充分条件是该力系的合力等于零。其解析表达式为

$$F_R = \sqrt{F_{Rx}^2 + F_{Ry}^2} = \sqrt{\left(\sum F_x\right)^2 + \left(\sum F_y\right)^2} = 0 \tag{2-8}$$

式中，$\left(\sum F_x\right)^2$ 与 $\left(\sum F_y\right)^2$ 为非负数，若使 $F_R=0$，必须同时满足

$$\begin{cases} \sum F_x = 0 \\ \sum F_y = 0 \end{cases} \tag{2-9}$$

反之，若式（2-9）成立，则力系的合力为零。因此，平面汇交力系平衡的必要和充分条件的解析条件为力系中各力在两个坐标轴上投影的代数和分别等于零。式（2-9）称为平面汇交力系的平衡方程。这是两个独立的投影方程，可以求解两个未知量。

平面汇交力系平衡方程的物理意义：$\sum F_x = 0$ 表明物体在 x 轴方向力的作用效应相互抵消，$\sum F_y = 0$ 表明物体在 y 轴方向力的作用效应相互抵消。两个方程联立，说明物体在力系平面内的任何方向都处于平衡状态。

2.2 力矩与平面力偶系

2.2.1 力对点之矩、合力矩定理

1. 力对点之矩

力对点之矩，简称力矩，是力使物体绕某点转动效应的度量。力在使刚体围绕某点发生转动时，其产生的效应不仅与力的大小和方向有关，还与该点到该力的作用线的距离有关。如图 2-5 所示，在使用扳手拧螺母时，扳手围绕螺母（O

点）转动所产生的效应除了与力 F 的大小和方向有关外，还与 O 点到力的作用线的距离 d 有关。距离越大，转动的效应越好，反之则越差。由此，引入平面内力对点之矩的概念，从而力使物体围绕某一点转动的效应可以得到量化。

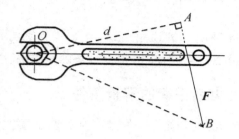

图 2-5   扳手拧螺母时的转动效应

如在图 2-5 所示的模型中，O 点称为矩心，矩心到作用线的垂直距离 d 称为力臂。力 F 对 O 点之矩是代数量，用符号 $M_O(F)$ 表示

$$M_O(F) = \pm Fd \tag{2-10}$$

由式（2-10）可知，力矩的大小等于 F 与 O 点到力的作用线的垂直距离 d 的乘积，其正负依据力使物体围绕矩心转动的方向而定，当有顺时针转动效应时，力矩为负，反之为正。国际单位制中，力矩的单位为 N·m 或 kN·m。

2. 合力矩定理

根据力的可传性原理，将作用于刚体上 A 点的力 F 沿其作用线移动到矩心 O 到力 F 作用线的垂足 B 点，其作用效应不会改变。作用在 B 点的力可以被分解为 F_x 和 F_y，如图 2-6 所示。

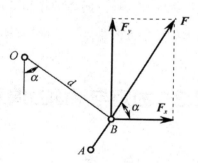

图 2-6   合力矩定理示意图

由图 2-6 可知，合力 F 和两个分力 F_x、F_y 对 O 点之矩分别为

$$M_O(F) = Fd$$

$$M_O(F_x) = F_x \cdot d \cos\alpha = Fd \cos^2\alpha$$

$$M_O\left(\boldsymbol{F}_y\right) = F_y \cdot d \sin \alpha = Fd \sin^2 \alpha$$

由上式可知

$$M_O\left(\boldsymbol{F}\right) = M_O\left(\boldsymbol{F}_x\right) + M_O\left(\boldsymbol{F}_y\right) \tag{2-11}$$

式（2-11）表明，合力对某点之矩，等于各分力对该点之矩的代数和，这便是合力矩定理。该定理既适用于两个分力的情况，也适用于多个分力的情况；该定理还同时适用于平面力系和空间力系。将上式写为一般通式，为

$$M_O\left(\boldsymbol{F}_R\right) = M_O\left(\boldsymbol{F}_1\right) + M_O\left(\boldsymbol{F}_2\right) + \cdots + M_O\left(\boldsymbol{F}_n\right) = \sum_{i=1}^{n} M_O\left(\boldsymbol{F}_i\right) \tag{2-12}$$

因此，求力矩，通常有两种方法：

（1）用力和力臂的乘积求力矩。使用该方法时，核心是确定力臂 d，它是矩心到力的作用线的垂直距离。

（2）用合力矩定理求力矩。在现实生活中，有时力臂 d 的几何关系很复杂，难以确定，此时便可以将力在力的作用线和矩心所确定的平面内，正交分解为两个分力，然后根据合力矩定理求力矩。

2.2.2　力偶及其性质

1.力偶与力偶矩的定义

在日常生活中，经常见到物体受一对大小相等、方向相反、作用线互相平行的力的作用的情形。例如，司机开车转动方向盘时，方向盘便受到一对大小相等、方向相反、作用线互相平行的力的作用。这种大小相等、方向相反、作用线互相平行的两个力称为力偶，通常用 $\boldsymbol{F}$ 和 $\boldsymbol{F}'$ 表示。

力偶对物体会产生转动效应。其转动效应的强弱用力偶矩度量。力偶矩用 M 或 $M\left(\boldsymbol{F},\ \boldsymbol{F}'\right)$ 表示，力偶矩的单位是 N·m 或 kN·m。力偶矩的公式为

$$M\left(\boldsymbol{F},\ \boldsymbol{F}'\right) = \pm Fd \tag{2-13}$$

式中，d 为两个力之间的垂直距离，称为力偶臂。

力偶的三要素是力偶矩的大小、转向和作用面。平面力偶使物体逆时针转动时，力偶矩为正，反之为负。

2.力偶的性质

力偶有如下性质：

（1）力偶无合力，力偶在任何坐标轴上的投影都等于零，如图 2-7 所示。力偶不能用一个力来等效代换，也不能用一个力与之平衡，力偶只能与力偶平衡。力偶不能合成为一个合力，力偶对刚体只能产生转动效应，不能产生移动效应。

（2）力偶对其作用面内任一点之矩恒等于力偶矩，与矩心的位置无关。

如图 2-8 所示，设有力偶（F，F'），其力偶臂为 d，则 $M=Fd$。

在力偶作用面内任取一点作为矩心 O，假设 O 点到力 F 的垂直距离为 x，则力 F 与 F' 分别对点 O 之矩的代数和应为

$$M(F, F') = M_O(F) + M_O(F') = F(x+d) - F'x = Fd = M$$

由上述性质推导可知，力偶对刚体的转动效应只取决于力偶矩，而与矩心的位置无关。

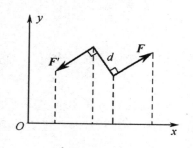

图 2-7　力偶的性质（1）

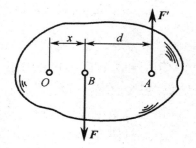

图 2-8　力偶的性质（2）

（3）力偶在其作用平面内任意转动或移动，不改变力偶对刚体的作用效应。

（4）在保持力偶矩大小和力偶转向不变的情况下，同时改变力偶中力的大小和力偶臂的长度，不改变力偶对刚体的作用效应。

需要强调的是，力偶性质（3）（4）只适用于刚体，不适用于非刚体。

由上述性质可知，力偶对物体的转动效应取决于力偶矩的大小、转向和作用面。因此，表示平面力偶时，可以不标力偶在平面内的作用位置以及组成力偶的力和力偶臂的数值，用带箭头的弧线表示即可，箭头方向表示力偶的转向，弧线旁的字母 M 或者数字表示力偶矩的大小，如图 2-9 所示。

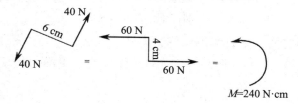

图 2-9　力偶性质（3）（4）

2.2.3　平面力偶系的合成与平衡条件

几个力偶构成力偶系。若所有力的作用线都在同一平面上，则构成平面力偶系。

先看同平面中两个力偶的合成。如图 2-10（a）所示，假设同平面的两个力偶（F_1，F_1'）与（F_2，F_2'），其力偶矩分别为 $M_1=F_1d_1$，$M_2=F_2d_2$。依据力偶的性质，将两个力偶移到同一位置上，且使力偶臂都为 d，如图 2-10（b）所示，可以得到两个等效的新力偶（F_3，F_3'）与（F_4，F_4'），且有

$$M_1=F_1d_1=F_3d$$

$$M_2=-F_2d_2=-F_4d$$

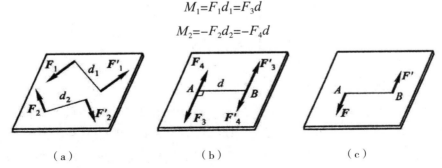

图 2-10　平面力偶系的合成

在 A、B 两点将力合成，可以得到等效的合力偶（F，F'），如图 2-11（c）所示。合力偶的力偶矩为

$$M=Fd=（F_3-F_4）d=F_3d-F_4d=M_1+M_2$$

可得结论：同一平面中的两个力偶可以合成一个合力偶，合力偶的力偶矩等于两个分力偶力偶矩的代数和。

如果有 n 个同平面的力偶，可以依据上述方法依次合成，即在同一平面内的 n 个力偶可以合成一个合力偶，合力偶的力偶矩等于各分力偶力偶矩的代数和。

$$M = \sum_{i=1}^{n} M_i \qquad （2-14）$$

当力偶的力偶矩为零时，不是力偶的力为零就是力偶臂为零，这都是平衡力偶系。因此，由合成结果可知，力偶矩的代数和为零是平面力偶系平衡的必要和充分条件，即

$$\sum_{i=1}^{n} M_i = 0 \qquad （2-15）$$

【例 2-1】如图 2-11 所示，在工件上作用有三个力偶，三个力偶的力偶矩分别为 $M_1=M_2=10\text{N} \cdot \text{m}$，$M_3=20\text{N} \cdot \text{m}$。螺栓 A 和 B 的距离固定，为 $200\,\text{mm}$。求两个光滑螺栓所受的水平力。

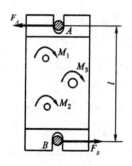

图 2-11　例 2-1 图

【解】选工件为研究对象。工件在水平面受两个螺栓水平约束力的作用和三个力偶的作用。依据力偶系的合成定理可知，三个力偶可合成一个合力偶。若工件平衡，必定有一反力偶与它平衡。因此，螺栓 A 与螺栓 B 的水平约束力 F_A 和 F_B 必组成力偶，假设它们的方向如图 2-11 所示，则 $F_A = F_B$。由力偶系的平衡条件可知

$$\sum M = 0, \quad 即 F_A l - M_1 - M_2 - M_3 = 0$$

即

$$F_A = \frac{M_1 + M_2 + M_3}{l}$$

代入已知数值，可得

$$F_A = \frac{(10 + 10 + 20)\ \text{N} \cdot \text{m}}{200 \times 10^{-3}\ \text{m}} = 200\ \text{N}$$

因为 F_A 是正值，故假设的方向是正确的，螺栓 A、B 所受的水平力则为大小相等、方向相反的 F_A、F_B。

2.3　平面任意力系的简化与平衡

2.3.1　力线平移定理

力系向一点简化是一种较为简便且具有普遍性的力系简化方法。此方法的理论基础是力线平移定理。

力线平移定理：作用在刚体上某点的力 F，可以平行移动到该刚体上的任意一点，但必须同时附加一力偶，该附加力偶的力偶矩等于原来的力对新作用点之矩。

证明：设力 F 作用在刚体上的 A 点，如图 2-12（a）所示。在刚体上任取一点 O，在该点加上一对大小相等、方向相反且与力 F 平行的力 F' 和 F''，并使 $F' = -F'' = F$，如图 2-12（b）所示。

显然，力系 F、F'、F'' 与力 F 是等效的。其中，F、F'' 构成一力偶，于是原来作用在 A 点的力 F，现在被作用在 O 点的力 F' 和力偶（F，F''）等效替换，如图 2-12（c）所示。

这样，就把作用于 A 点的力 F 平移到了另一点 O，但必须同时附加一力偶，该附加力偶的力偶矩为 $M = Fd$。其中，d 是附加力偶的力偶臂，亦是 O 点到力 F 作用线的垂直距离，因此力 F 对 O 点之矩亦为 $M_O(F) = Fd$。

由此证得 $M = M_O(F)$。

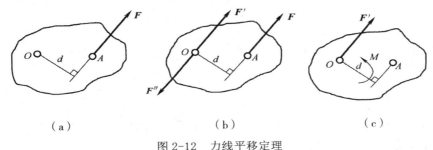

图 2-12　力线平移定理

2.3.2 平面一般力系的简化

1. 平面一般力系向作用面内任一点简化

设刚体上作用一平面一般力系 F_1，F_2，$\cdots$，F_n，如图 2-13（a）所示。在平面内任取一点 O，称为简化中心。应用力线平移定理，将各力平移至 O 点，得到平面汇交力系 F'_1，F'_2，$\cdots$，F'_n，以及附加的平面力偶系，如图 2-13（b）所示。前者，各力矢分别为 $F'_1 = F_1$，$F'_2 = F_2$，$\cdots$，$F'_n = F_n$；而后者，各力偶矩分别是 $M_1 = M_O(F_1)$，$M_2 = M_O(F_2)$，$\cdots$，$M_n = M_O(F_n)$。

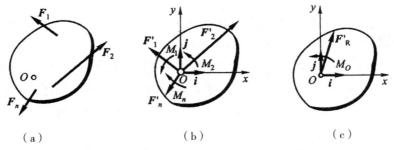

图 2-13　平面一般力系向作用面内任一点简化

平面汇交力系 $\boldsymbol{F'}_1$, $\boldsymbol{F'}_2$, $\cdots$, $\boldsymbol{F'}_n$ 可合成一力 $\boldsymbol{F'}_{\mathrm{R}}$，作用于 O 点，如图 2-13（c）所示。这个力为

$$\boldsymbol{F'}_{\mathrm{R}} = \boldsymbol{F'}_1 + \boldsymbol{F'}_2 + \cdots + \boldsymbol{F'}_n = \boldsymbol{F}_1 + \boldsymbol{F}_2 + \cdots + \boldsymbol{F}_n = \sum_{i=1}^{n} \boldsymbol{F}_i \qquad （2-16）$$

式（2-16）表明：该力矢 $\boldsymbol{F'}_{\mathrm{R}}$ 等于原力系中各力的矢量和，称为原力系的主矢。在图 2-13（c）中选取直角坐标系 Oxy，将式（2-16）向坐标轴上投影，有

$$F'_{\mathrm{R}x} = \sum F_x, \quad F'_{\mathrm{R}y} = \sum F_y \qquad （2-17）$$

于是主矢 $\boldsymbol{F'}_{\mathrm{R}}$ 的大小和与 x 轴正向间的夹角分别为

$$F'_{\mathrm{R}} = \sqrt{\left(\sum F_x\right)^2 + \left(\sum F_y\right)^2}$$
$$\alpha = \arctan \frac{\sum F_y}{\sum F_x} \qquad （2-18）$$

附加的平面力偶系可合成为一力偶，这个力偶的力偶矩为

$$M_O = M_1 + M_2 + \cdots + M_n = M_O(\boldsymbol{F}_1) + M_O(\boldsymbol{F}_2) + \cdots + M_O(\boldsymbol{F}_n) = \sum_{i=1}^{n} M_O(\boldsymbol{F}_i) \qquad （2-19）$$

式（2-19）表明：该力偶矩 M_O 等于原力系中各力对点 O 之矩的代数和，称为原力系对简化中心的主矩。

于是得到如下结论：平面一般力系向作用面内任一点 O 简化，可得一力和一力偶，这个力称为该力系的主矢，作用线过简化中心 O，这个力偶的力偶矩称为该力系对点 O 的主矩。

由于主矢等于各力的矢量和，与各力作用点无关，故主矢与简化中心的位置选择无关。而主矩等于各力对简化中心之矩的代数和，将不同的点作为简化中心时，各力臂改变，致使各力对简化中心之矩也改变，因而主矩通常与简化中心的位置选择有关。提到主矩时，必须指明是对哪一点之矩。

现在利用力系向一点简化的理论，介绍工程上常见的固定端约束及其约束反力的特点。

这种约束既限制物体在约束处沿任何方向的移动，也限制物体在约束处的转动，因而物体在固定部分所受的力是比较复杂的力系。在平面问题中，可将其看作平面一般力系，如图 2-14(a) 所示。将此力系向 A 点简化得到一主矢和一主矩，如图 2-14（b）所示。一般情况下，这个力可用两个未知的正交分力来表示。因此，固定端 A 处的约束反力可分解为两个正交分力 $\boldsymbol{F}_{Ax}$、$\boldsymbol{F}_{Ay}$ 和一力偶矩为 M_A 的力偶，其指向任意假定，如图 2-14（c）所示。

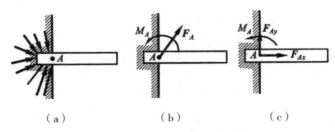

图 2-14 固定端约束及其约束反力

2.平面一般力系的简化结果分析

平面一般力系向一点简化，可得到一主矢 F'_R 和一主矩 M_O，实际上可能出现的情况有四种，将这四种情况进一步分析可归纳为以下结果：

（1）力系简化为一力偶的情形。若 $F'_R = 0$，$M_O \neq 0$，表明原力系与一力偶等效，其简化结果为一合力偶，该合力偶的力偶矩就等于主矩，即 $M = M_O = \sum M_O(F_i)$，因为力偶对作用面内任一点的力偶矩都相同，故在这种情况下主矩与简化中心位置无关。

（2）力系简化为一合力的情形。若 $F'_R \neq 0$，$M_O = 0$，则表明原力系与 F 等效，此时若 F'_R 就是原力系的合力 F_R，即 $F'_R = F_R$，则合力的作用线通过简化中心。

（3）力系为一般情形。若 $F'_R \neq 0$，$M_O \neq 0$，如图 2-15（a）所示，可将主矢 F'_R 和主矩 M_O 应用力线平移定理的逆过程进一步合成，因此将力偶矩为 M_O 的力偶用两个力 F_R 和 F''_R 表示，并使 $F_R = -F''_R = F'_R$，如图 2-15（b）所示。这样 F_R、F''_R 彼此平衡，可去掉，于是只剩下作用线通过点 O' 的力 F_R 与原力系等效，如图 2-15（c）所示，因此这个力 F_R 就是原力系的合力，这表明原力系简化的最后结果仍为一合力。合力 F_R 的大小和方向与力系的主矢相同，即 $F_R = F'_R$，合力 F_R 的作用线到简化中心 O 点的距离为

$$d = \frac{|M_O|}{F_R'} \tag{2-20}$$

至于合力作用线在 O 点的哪一侧，可根据 F_R' 和 M_O 的方向确定。

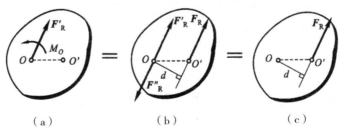

图 2-15 力系简化为一合力

由图2-15（c）及式（2-20）可得，$M_O(\boldsymbol{F}_R) = F_R' d = M_O$，又因为

$$M_O = \sum M_O(\boldsymbol{F}_i)$$

于是得

$$M_O(\boldsymbol{F}_R) = \sum M_O(\boldsymbol{F}_i) \tag{2-21}$$

式（2-21）表明：平面一般力系的合力对该力系作用面内任一点之矩等于力系中各力对该点之矩的代数和，这称为平面一般力系的合力矩定理。

（4）力系平衡的情形。若$\boldsymbol{F}_R' = \boldsymbol{0}$，$M_O = 0$，则原力系平衡，这种情形将在下面详细讨论。

3. 平面一般力系的平衡

平面一般力系向简化中心O简化时，若$\boldsymbol{F}_R' = \boldsymbol{0}$，$M_O = 0$，则表明原力系为平衡力系，刚体在此力系作用下处于平衡状态。因此平面一般力系平衡的必要和充分条件是力系的主矢和对于作用面内任一点的主矩都等于零。将式（2-17）和式（2-19）代入平衡条件$\boldsymbol{F}_R' = \boldsymbol{0}$，$M_O = 0$，可得

$$\begin{aligned} &\sum F_x = 0 \\ &\sum F_y = 0 \\ &\sum M_O(\boldsymbol{F}_i) = 0 \end{aligned} \tag{2-22}$$

式（2-22）称为平面一般力系的平衡方程。它表明平面一般力系平衡的解析条件是各力在两个任选的坐标轴上投影的代数和分别等于零，以及各力对平面内任意一点之矩的代数和也等于零。这是平面一般力系平衡方程的基本形式，共有三个独立的平衡方程，可解三个未知量。

平面一般力系的平衡方程还有以下两种形式：

（1）二矩式平衡方程

$$\begin{aligned} &\sum M_A(\boldsymbol{F}_i) = 0 \\ &\sum M_B(\boldsymbol{F}_i) = 0 \\ &\sum F_x = 0 \end{aligned} \tag{2-23}$$

其中，矩心A、B两点的连线不与投影轴x轴垂直。

（2）三矩式平衡方程

$$\begin{aligned} &\sum M_A(\boldsymbol{F}_i) = 0 \\ &\sum M_B(\boldsymbol{F}_i) = 0 \\ &\sum M_C(\boldsymbol{F}_i) = 0 \end{aligned} \tag{2-24}$$

其中，矩心A、B、C三点不能在同一直线上。

上述三组方程（2-22）、（2-23）、（2-24）都可用来求解平面一般力系的平衡问题。

【例 2-2】悬臂吊车如图 2-16 所示。A、B、C 处均为铰接。AB 梁自重 $W_1 = 4\ kN$，载荷重 $W = 10\ kN$，BC 杆自重不计。求 BC 杆所受的力和支座 A 处的约束反力。

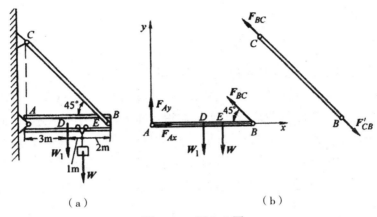

（a）   （b）

图 2-16   例 2-2 图

【解】（1）选 AB 梁为研究对象，画出分离体简图。在 AB 梁上，主动力有 W_1 和 W；约束反力有支座 A 处的反力 F_{Ax} 和 F_{Ay}；由于 BC 为二力杆，故 B 处反力为 F_{BC}。该力系为平面一般力系，受力图如图 2-16（b）所示。

（2）列平衡方程并求解。选取坐标轴如图 2-16（b）所示。为避免解联立方程组，在列平衡方程时尽可能做到一个方程中只包含一个未知量，并且先列出能解出未知量的方程，于是有

$$\sum F_x = 0, \quad 即 F_{Ax} - F_{BC}\cos 45^\circ = 0$$

$$\sum F_y = 0, \quad 即 F_{Ay} + F_{BC}\sin 45^\circ - W_1 - W = 0$$

$$\sum M_A(F) = 0, \quad 即 6F_{BC}\sin 45^\circ - 3W_1 - 4W = 0$$

解得 $F_{Ax} \approx 8.67\ kN$，$F_{Ay} \approx 5.33\ kN$，$F_{BC} \approx 12.26\ kN$。

【例 2-3】如图 2-17（a）所示，在水平梁上作用有集中力 $F_C = 20\ kN$，力偶矩 $M = 10\ kN \cdot m$，载荷集度为 $q = 10\ kN/m$ 的均布载荷。求支座 A、B 处的反力。

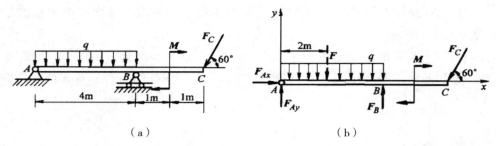

（a）　　　　　　　　　　（b）

图 2-17　例 2-3 图

【解】（1）选取水平梁 AB 为研究对象，梁上的主动力有 F_C、M 和均布载荷。均布载荷的载荷集度 q 是单位长度上所受的力，因此，均布载荷可简化为一合力 F，其大小等于载荷集度与载荷段长度的乘积，即 $F=4q$，其作用点在 AB 的中点。约束反力有 F_{Ax}、F_{Ay} 和 F_B。选取坐标轴如图 2-17（b）所示。列平衡方程时应注意，力偶在任一轴上的投影都等于零，因此在投影方程中不考虑力偶；另外，力偶对任一点之矩都等于该力偶矩，因此不论对何点之矩，只要将力偶矩的代数量代入力矩方程中即可。

（2）列平衡方程并求解。

$$\sum F_x=0,\ 即 F_{Ax}-F_C\cos 60^\circ=0$$

$$\sum F_y=0,\ 即 F_{Ay}+F_B-F-F_C\sin 60^\circ=0$$

$$\sum M_A(F)=0,\ 即 4F_B-2F-6F_C\sin 60^\circ-M=0$$

解得 $F_{Ax}=10$ kN，$F_{Ay}\approx 8.84$ kN，$F_B\approx 48.48$ kN。

【例 2-4】自重 $W=100$ kN 的 T 形钢架 ABD 置于铅垂面内，载荷如图 2-18（a）所示。已知 $M=20$ kN·m，$F=400$ kN，$q=20$ kN/m，$L=1$ m。求固定端 A 处的约束反力。

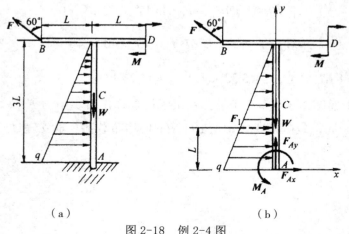

（a）　　　　　　　　　　（b）

图 2-18　例 2-4 图

【解】（1）选取 T 形钢架为研究对象。架上作用有主动力 $\boldsymbol{W}$、$\boldsymbol{F}$、$\boldsymbol{M}$ 和线性分布载荷。将线性分布载荷简化为一合力 $\boldsymbol{F}_1$，其大小等于线性分布载荷的面积，即 $F_1 = q \times 3L \div 2 = 30$ kN，其作用线经过三角形的几何中心，即在距 A 点 L 处。约束反力有 $\boldsymbol{F}_{Ax}$、$\boldsymbol{F}_{Ay}$ 和 M_A。选取坐标轴如图 2-18（b）所示。

（2）列平衡方程并求解。

$$\sum F_x = 0，即 F_{Ax} + F_1 - F\sin 60^\circ = 0$$

$$\sum F_y = 0，即 F_{Ay} - W + F\cos 60^\circ = 0$$

$$\sum M_A(\boldsymbol{F}) = 0，即 M_A - M - F_1 L - FL\cos 60^\circ + 3FL\sin 60^\circ = 0$$

解得 $F_{Ax} \approx 316.41$ kN，$F_{Ay} = -100$ kN，$M_A \approx -789.23$ kN·m。

负号说明图中所设方向与实际情况相反，即 F_{Ay} 应向下，M_A 为顺时针转向。

4. 平面平行力系

各力的作用线分布在同一平面内且互相平行的力系，称为平面平行力系。图 2-19 为一平面平行力系。平面平行力系是平面一般力系的特殊情形，其平衡方程可由平面一般力系平衡方程的基本形式直接导出。

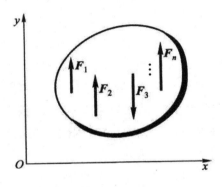

图 2-19 平面平行力系

若取 x 轴与各力垂直，则不论该力系是否平衡，总有 $\sum F_x = 0$，于是得

$$\sum F_y = 0$$

$$\sum_{i=1}^{n} M_O(\boldsymbol{F}_i) = 0 \tag{2-25}$$

式（2-25）为平面平行力系的平衡方程。两个独立的平衡方程可以求解两个未知量。同理，平面平行力系的平衡方程也有二矩式，即

$$\sum_{i=1}^{n} M_A(\boldsymbol{F}_i) = 0$$

$$\sum_{i=1}^{n} M_B(\boldsymbol{F}_i) = 0 \qquad (2-26)$$

其中，A、B 两点的连线不能与各力作用线平行。

2.4 物体系统的平衡、静定问题与超静定问题

2.4.1 物体系统的平衡

物体系统是指由若干个物体借助某些约束按一定方式相互连接而组成的系统。系统内各物体之间以一定的方式联系着，而整个系统又以适当的方式与其他物体相联系。系统内各物体之间的联系构成内约束，而物体系统与其他物体之间的联系则构成外约束。

在工程中，各种平面或空间结构都可以视为物体系统，学会分析物体系统平衡问题具有很强的工程实际意义。

在研究物体系统的平衡问题时，不仅要分析系统内各物体之间的相互作用，还要分析系统外其他物体对该系统的作用。当以物体系统作为研究对象时，系统外的作用力称为该系统的外力；系统内的作用力称为该系统的内力。由于内力必成对存在，且每对内力中的两个力均大小相等、方向相反，共线并同时作用于所选的研究对象上，故每对内力均为平衡力，因此，当以物体系统为研究对象时，内力不应出现在其受力图和平衡方程中。

需要强调的是，物体系统内力、外力的划分是相对的，当需要求物体系统某处的内力时，可以将物体系统拆分开，然后将需要研究的部分作为研究对象，使所要分析的力由内力转为外力，再用平衡方程求解。

当物体系统平衡时，系统内的每个组成物体都处于平衡状态；反之，若组成系统的每个物体都平衡，则系统也必平衡。因此，在解决物体系统的平衡问题时，既可以将整个物体系统作为研究对象，也可以将某一部分作为研究对象。在选择研究对象时，若选取的顺序不同，则解题方案也不同。在实际计算时，应选择最优的方案。

在工程实际中，组成物体系统的各要素（如物体数量、各物体的连接方式、约束设置等）都是千变万化的，但根据其构造特点和荷载传递规律可以将物体系

统归纳为三大类：

（1）有主次之分的物体系统。

（2）无主次之分的物体系统。

（3）运动机构系统。

主要部分也称基本部分，是指在自身部分外约束作用下能独立承受荷载并维持平衡的部分；次要部分也称附属部分，是指必须依赖内约束与主要部分或其他次要部分连接才能承受荷载和维持平衡的部分。

2.4.2　静定问题与超静定问题

物体系统的平衡问题可分为静定和超静定两类。

在分析物体系统平衡问题时，根据受力情况可以判断出独立平衡方程的个数。比如，某个物体系统由 n 个物体组成，若每个物体都受平面一般力系的作用，则该系统一共可以写出 $3n$ 个独立平衡方程；若其中某些物体受平面汇交力系、平面平行力系或平面力偶系作用，则系统的独立平衡方程的个数也会减少；若物体系统受空间力系作用，则系统的独立平衡方程的个数会增加。

若所研究的物体系统中未知量的个数不多于其独立平衡方程的个数，则所有未知量都可由平衡方程求出，这样的问题称为静定问题，相关结构称为静定结构。若未知量的个数多于独立平衡方程的个数，则未知量不能全部由平衡方程求出，这样的问题称为超静定问题，相关结构称为超静定结构，未知量个数与独立平衡方程个数之差，称为超静定次数。

超静定问题的特点是具有"多余的"约束，正是由于存在这种多余约束，所以超静定结构可以提高结构的刚度，减少结构的变形，同时提升结构的承载能力。因此，在工程实际中通常使用超静定结构。

需要注意的是，在静力学中只研究静定问题，所以在解决物体系统的平衡问题之前，需要先判断其是否为静定问题。

当然，超静定问题并不是不能解决，在平衡方程之外再考虑物体的变形并补充某些方程，便可以解决超静定问题。但由于超静定问题超出了静力学的范畴，所以在此不进行详细的论述，在后面的章节中再做研究。

2.5　平面简单桁架的内力计算

在工程实际中，大家经常可以看到一些由细长直杆按一定方式分别在两端连接（如螺栓连接、焊接）而成的几何不变的杆件系统。如果某杆件系统主要是在杆与杆的连接点受荷载作用，且各杆件受力主要沿杆轴向（可视作二力杆），这样的杆件系统称为桁架。桁架有平面桁架和空间桁架之分。若所有杆件的轴线都在同一平面内，且荷载也都在这个平面内，这种桁架为平面桁架；若不在同一平面内，则为空间桁架。

屋架是常见的一种平面桁架，如图 2-20 所示。通过该结构可大致了解桁架的结构组成。桁架中各杆轴线的交点，称为节点；支座间的距离称为跨度；弦杆是组成桁架外围的杆件，包括上弦杆和下弦杆；连接上、下弦杆的杆件称为腹杆，按其轴线是否竖直可分为斜腹杆和竖腹杆。

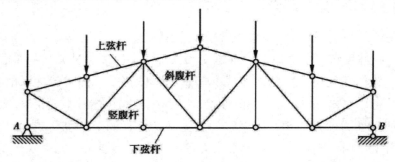

图 2-20　屋架

桁架属于稳定系统，当它在外力的作用下处于平衡状态时，桁架中的任何部分都应该是平衡的。

分析平面桁架杆件内力的方法有两种：节点法和截面法。

2.5.1　节点法

以节点为研究对象，根据节点的平衡条件求出作用在此节点上的未知力（杆件的内力），这种分析桁架杆件内力的方法，称为节点法。

平面桁架上的节点受平面汇交力系的作用而平衡，求上面的未知力可以采用解析法。由于平面桁架上的每个节点只能列出两个平衡方程，所以在使用节点法时，选取的节点的未知量不应超过两个。

在画节点的受力图时，一般假设桁架杆件所受的内力为拉力。根据计算结果的正负可知其实际内力是压力还是拉力。

在计算时，应分析桁架的构造和受力特点，以简化计算。为此，需注意如下两点：

1.判断零杆并去除，以简化计算

桁架中内力为零的杆称为零杆。在判断零杆时，针对如图 2-21 所示的三种情况，可直接判断。

（1）如图 2-21（a）所示，如果两杆在无外力作用的节点铰接，那么这两杆都是零杆。

（2）如图 2-21（b）所示，如果两杆铰接于某节点，且该节点上的外力仅作用于其中一个杆，那么另一个杆为零杆。

（3）如图 2-21（c）所示，如果三杆在无外力作用的节点铰接，且其中两杆共线，那么第三个杆为零杆。

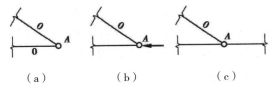

（a）　　　　　　　（b）　　　　　　　（c）

图 2-21　零杆判断的三种情况

2.利用对称性，以简化计算

若桁架对称、荷载对称，则其支座反力和杆件内力也必然对称。此时，只计算半边桁架即可。若桁架结构对称、荷载反对称，则其支座反力和杆件内力必然反对称，若某杆在此桁架结构的对称轴上，则该杆内力为零。

2.5.2　截面法

用假想的适当截面（平面或曲面，形状可以任意）切断欲求内力的杆件，将桁架截成两部分，其中一部分作为研究对象（包含两个或两个以上节点），该部分桁架在外力以及被截断杆件的内力作用下平衡，应用平面一般力系平衡方程可求出被截断杆件的内力，这种求杆件内力的方法称为截面法。

在使用截面法求平面桁架杆件的内力时，可列的独立平衡方程有三个，即只能求解三个未知量，所以一次被截断的未知内力杆件数通常不超过三个。

使用截面法的关键是选取合理的截面。

在实际应用中，为方便计算，应根据实际情况灵活选取节点法和截面法。如果只需要确定桁架中某个或某几个杆件内力的情形，可采取截面法；如果想要求桁架中每个杆件的内力，采取节点法更为适宜。

2.6　摩　　擦

2.6.1　滑动摩擦

两个表面粗糙的物体，当接触面之间有相对滑动趋势或有相对滑动时，彼此作用有阻碍相对运动的力，即滑动摩擦力。该力作用在两个物体的接触面，作用的方向与物体滑动或滑动趋势的方向相反，其大小根据主动力情况和物体相对运动状态，可以分为静滑动摩擦力、最大静滑动摩擦力和动滑动摩擦力。

1. 静滑动摩擦力（静摩擦力）

如图 2-22（a）所示，在粗糙的水平面上放置一个重量为 P 的物体，它处于平衡状态。现在在物体上施加水平力 F，该力由零逐渐增大，在力 F 逐渐增大的过程中，物体具有相对运动的趋势，但始终保持静止。此时，物体仍旧处于平衡状态。图 2-22（b）为该物体的受力分析图，由图可知，该物体除了受水平面的法向约束力 F_N 外，还受阻碍其沿着水平面运动的切向约束力，该力便是静滑动摩擦力（静摩擦力），用 F_s 表示。

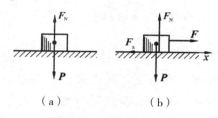

（a）　　　　　（b）

图 2-22　静滑动摩擦力

2. 最大静滑动摩擦力（最大静摩擦力）

根据平衡方程可知，静摩擦力的大小随主动力的增大而增大，但它不会无限地增大。当主动力达到某一值时，物体处于临界平衡状态，此时，静摩擦力达到最大，称为最大静滑动摩擦力（最大静摩擦力），用 F_{max} 表示。如果主动力继续增大，那么物体的平衡状态会被打破。由此可知，物体接触面之间静摩擦力大小的范围为

$$0 \leqslant F_s \leqslant F_{max}$$

最大静摩擦力和两物体间的正压力（F_N）成正比，其方向与相对滑动趋势的方向相反，即

$$F_{max} = f_s F_N \tag{2-27}$$

式中，f_s 为比例常数，也称静摩擦因数。

上式称为静摩擦定律，也称库仑摩擦定律。

3. 动滑动摩擦力（动摩擦力）

当物体处于临界平衡状态时，如果继续增大主动力，那么物体在接触面之间会出现相对滑动。此时，在物体接触面之间仍旧存在阻碍运动的力，该力称为动滑动摩擦力（动摩擦力），用 F_d 表示。

动摩擦力也与两物体间的正压力（F_N）成正比，其方向与相对滑动的方向相

反，即

$$F_d = fF_N \qquad\qquad (2-28)$$

式中，f 为比例常数，也称动摩擦因数。

摩擦因数的大小一般通过试验获得，表 2-1 列出了一些常见材料的摩擦因数。

表 2-1　一些常见材料的摩擦因数

材料名称	静摩擦因数		动摩擦因数	
	无润滑	有润滑	无润滑	有润滑
钢 – 钢	0.2	0.1 ~ 0.12	0.15	0.05 ~ 0.1
钢 – 软钢	—	—	0.2	0.1 ~ 0.2
钢 – 铸铁	0.3	—	0.18	0.05 ~ 0.15
钢 – 青铜	0.15	0.1 ~ 0.15	0.15	0.1 ~ 0.15
软钢 – 铸铁	0.2	—	0.18	0.05~ 0.15
软钢 – 青铜	0.2	—	0.18	0.07~ 0.15
皮革 – 铸铁	0.3 ~ 0.5	0.15	0.6	0.15
橡皮 – 铸铁	—	—	0.8	0.5
木材 – 木材	0.4 ~ 0.6	0.1	0.2 ~ 0.5	0.07 ~ 0.15

2.6.2　摩擦角和自锁现象

1. 摩擦角

当物体放置于水平面且处于平衡状态时，若存在摩擦力，则物体同时受法向约束力 $\boldsymbol{F}_N$ 和切向摩擦力 $\boldsymbol{F}_s$ 的作用，这两个力可以合成为一与接触面法线方向夹角为 φ 的合力 $\boldsymbol{F}_{RA}$，该合力称为支承面的全约束力，如图 2-23（a）所示。

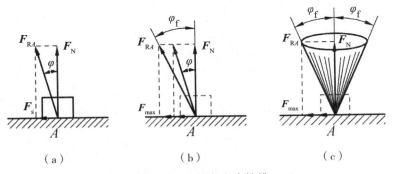

（a）　　　　　　（b）　　　　　　（c）

图 2-23　摩擦角和摩擦锥

当物体处于临界平衡状态时，静摩擦力达到最大，夹角 φ 也达到最大值，用 φ_f 表示，即摩擦角，如图 2-23（b）所示。此时

$$\tan \varphi_{\mathrm{f}} = \frac{F_{\max}}{F_{\mathrm{N}}} = \frac{f_{\mathrm{s}} F_{\mathrm{N}}}{F_{\mathrm{N}}} = f_{\mathrm{s}} \qquad\qquad (2\text{-}29)$$

由上式可知，摩擦角的正切值等于静摩擦因数。

当物体滑动趋势的方向改变后，全约束力也会随之改变，在临界状态下，F_{RA} 的作用线将形成以接触点 A 为顶点的锥面，如图 2-23（c）所示，这个锥面称为摩擦锥。

2. 自锁现象

当物体处于平衡状态时，全约束力的作用线必然在摩擦角之内。因此：

（1）当作用于物体的所有主动力的合力（F_{R}）的作用线在摩擦角之内时，无论 F_{R} 多大，物体都会保持静止，如图 2-24（a）所示。该现象称为自锁现象。

（2）当作用于物体的所有主动力的合力（F_{R}）的作用线在摩擦角之外时，无论 F_{R} 多小，物体都会滑动，如图 2-24（b）所示。在工程中应用该理论，可以有效避免自锁现象的发生。

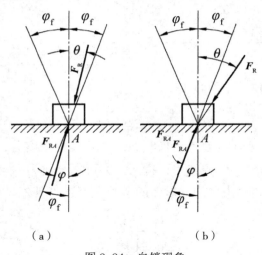

（a）   （b）

图 2-24　自锁现象

思考题

1. 同一个力在两个相互平行的轴上的投影是否相等?

2. 在拔钉子时,为什么用手很难拔出来,而使用钉锤可以很容易地拔出来?

3. 如果平面力系向平面内的任一点简化的结果都相同,那么该力系简化的最终结果是什么?

4. 在平面汇交力系的平衡方程中,是否可以取两个力矩方程,或者取一个力矩方程和一个投影方程? 此时,矩心和投影轴的选取有什么限制?

5. 力向已知点平行移动时,其附加力偶的力偶矩怎样确定?

6. 在研究物体系统的平衡问题时,如果以整个系统为研究对象,是否可以分析出该系统的内力? 为什么?

7. 当物体放在不光滑的水平面上时,是否一定存在摩擦力?

习题

1. 如图 2-25 所示,已知 F_1=500 N, F_2=1 000 N, F_3=600 N, F_4=2 000 N,求该平面汇交力系的合力。

2. 如图 2-26 所示,支架由杆 AB 和 AC 构成,杆的重量不计,在 A、B、C 三处都有铰链的约束。已知在 A 点作用的力 **G** 为 100 N,求各杆所受的力。

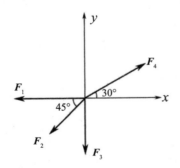
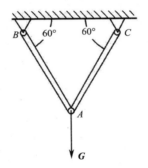

图 2-25 习题 1 图   图 2-26 习题 2 图

3. 构件的载荷及支承情况如图 2-27 所示,l=4 m,求支座 A、B 的约束力。

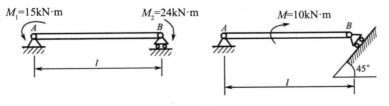

图 2-27 习题 3 图

4. 如图 2-28 所示，有一长度为 b，宽度为 a 的长方形均质钢板 ABCD，该钢板重量为 G，在 A、B、C 三处分别用 3 个杆悬挂于固定点，钢板保持水平。求 3 杆的内力。

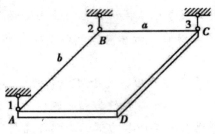

图 2-28 习题 4 图

5. 将重量为 1 200 kN 的物体放置在倾角为 30° 的斜面上，物体受一水平推力 F 的作用，F=500 N，物体与斜面间的摩擦因数为 0.2。请问物体是否为静止状态？如果物体处于静止状态，求静摩擦力的大小。

第3章 空间力系

3.1 空间汇交力系

在空间力系中，若各力的作用线汇交于一点，则称为空间汇交力系。

3.1.1 力在直角坐标轴上的投影

1. 直接投影法

如图 3-1 所示，若已知力 F 与三个坐标轴的夹角，则该力在三个坐标轴上的投影等于力 F 的大小和力与各坐标轴夹角的余弦的乘积，即

$$\begin{cases} F_x = F\cos\alpha \\ F_y = F\cos\beta \\ F_z = F\cos\gamma \end{cases} \tag{3-1}$$

2. 间接投影法

当力 F 与坐标轴中两个轴的夹角不易确定时，可以先将力 F 投影到两个坐标轴组成的平面上，由此可以得到一个力，然后再将该力投影到两个坐标轴上。该方法为间接投影法。如图 3-2 所示，已知角 φ 和角 γ，则力 F 在三个坐标轴上的投影分别为

$$\begin{cases} F_x = F\sin\gamma\cos\varphi \\ F_y = F\sin\gamma\sin\varphi \\ F_z = F\cos\gamma \end{cases} \tag{3-2}$$

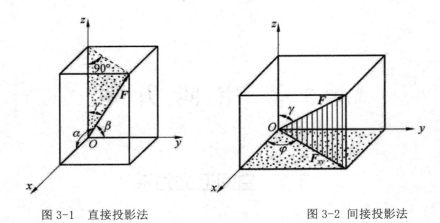

图 3-1　直接投影法　　　　　　　　　图 3-2　间接投影法

3.1.2　空间力沿直角坐标轴的分解

将力 F 沿 x、y、z 三个轴分解为三个空间正交的分量 F_x、F_y、F_z，如图 3-3 所示，则

$$F=F_x+F_y+F_z \tag{3-3}$$

如果 x、y、z 坐标轴方向的单位矢量分别用 i、j、k 表示，力 F 在坐标轴上的投影和力沿坐标轴的正交分矢量间的关系可表示为

$$\begin{cases} F_x=F_x i \\ F_y=F_y j \\ F_z=F_z k \end{cases} \tag{3-4}$$

那么 F 可写为

$$F=F_x i+F_y j+F_z k \tag{3-5}$$

图 3-3　空间力沿直角坐标轴的分解

3.1.3 空间汇交力系的合成与平衡

1. 空间汇交力系的合成

空间汇交力系的合成可以采用几何法和解析法。

采用几何法时，空间汇交力系的合力等于各分力的矢量和，合力的作用点为汇交点，即

$$F_{R} = F_1 + F_2 + \cdots + F_n = \sum_{i=1}^{n} F_i \qquad （3-6）$$

由于采用几何法合成难度较大，所以常使用解析法。由式（3-5）可得

$$F_{R} = \sum F_x \boldsymbol{i} + \sum F_y \boldsymbol{j} + \sum F_z \boldsymbol{k} \qquad （3-7）$$

式中，$\sum F_x$、$\sum F_y$、$\sum F_z$ 分别为合力 F_R 沿 x、y、z 轴的投影；$\boldsymbol{i}$、$\boldsymbol{j}$、$\boldsymbol{k}$ 分别为 x、y、z 坐标轴方向的单位矢量。

因此，合力的大小和方向的余弦为

$$\begin{cases} F_{R} = \sqrt{\left(\sum F_x\right)^2 + \left(\sum F_y\right)^2 + \left(\sum F_z\right)^2} \\ \cos\alpha = \dfrac{\sum F_x}{F_R} \\ \cos\beta = \dfrac{\sum F_y}{F_R} \\ \cos\gamma = \dfrac{\sum F_z}{F_R} \end{cases} \qquad （3-8）$$

式中，α、β 和 γ 分别为合力 F_R 与 x、y、z 坐标轴的夹角。

2. 空间汇交力系的平衡

空间汇交力系可以合成一合力，该力系的合力为零是空间汇交力系平衡的必要和充分条件，即

$$F_{R} = \sum_{i=1}^{n} F_i = \boldsymbol{0} \qquad （3-9）$$

由式（3-8）可知，为使合力等于零，必须同时满足

$$\begin{cases} \sum F_x = 0 \\ \sum F_y = 0 \\ \sum F_z = 0 \end{cases} \qquad （3-10）$$

因此，空间汇交力系平衡的必要和充分条件为该力系中各力在三个坐标轴上的投影的代数和分别等于零。式（3-10）称为空间汇交力系的平衡方程。

3.2 力对点之矩与力对轴之矩

3.2.1 力对点之矩

在平面问题中，若力 F 和矩心在同一平面内，则使用代数量便可以概括力对点之矩的全部要素。而在空间问题中，除了要考虑力矩的大小、转向，还需要考虑力与矩心所组成的平面的方位。因为方位不同，即便力矩大小一样，其作用效果也不同。

为了全面考虑上述三个因素的作用效果，可以用力矩矢量 $M_O(F)$ 表示空间力系中力对物体的转动效应。如图 3-4 所示，矢量的方向与力矩的作用面的法线方向相同，矢量的指向可以用右手螺旋定则来确定；矢量的模等于力的大小 F 与矩心到力的作用线的垂直距离 h 的乘积，即

$$\left|M_O(F)\right| = Fh = 2A_{\triangle OAB} \tag{3-11}$$

式中，$A_{\triangle OAB}$ 是 $\triangle OAB$ 的面积。

以 r 表示矩心 O 点到力的作用点 A 的矢径，则矢径 $r \times F$ 的模就等于三角形 OAB 面积的两倍，其方向与力矩矢量 $M_O(F)$ 一致。由此可得

$$M_O(F) = r \times F \tag{3-12}$$

上式为力对点之矩的表达式，即力对点之矩矢等于矩心到该力作用点的矢径与该力的矢量积。

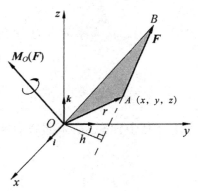

图 3-4　力矩矢量的表示

如果以矩心为原点，画直角坐标系（图 3-4），i、j、k 分别为 x、y、z 坐标轴方向的单位矢量。假设力的作用点 A 的坐标为（x，y，z），力在三个坐标轴上的投影分别为 F_x、F_y、F_z，则矢量 $r=xi+yj+zk$，力 $F=F_xi+F_yj+F_zk$。由式（3-12）可得

$$M_O(F) = r \times F = \begin{vmatrix} i & j & k \\ x & y & z \\ F_x & F_y & F_z \end{vmatrix} \tag{3-13}$$

$$= (yF_z - zF_y)i + (zF_x - xF_z)j + (xF_y - yF_x)k$$

式中，i、j、k 前面的三个系数，实际是力矩矢量在三个坐标轴上的投影，即

$$\begin{cases} [M_O(F)]_x = yF_z - zF_y \\ [M_O(F)]_y = zF_x - xF_z \\ [M_O(F)]_z = xF_y - yF_x \end{cases} \tag{3-14}$$

3.2.2　力对轴之矩

在空间问题中，大家常常会遇到刚体绕定轴转动的情形，为了表示力对绕定轴转动的刚体的作用效应，引入力对轴之矩的概念。

如图 3-5 所示，在门上作用了力 F，使门绕着 z 轴开始转动。现将力 F 分解为垂直于 z 轴的分力 F_{xy} 和平行于 z 轴的分力 F_z。分力 F_z 不能使门绕 z 轴旋转，所以该力对 z 轴之矩为零。因此，力 F 对 z 轴之矩可以看作是分力 F_{xy} 对 O 点之矩。如果用符号 $M_z(F)$ 表示力 F 对 z 轴之矩，由图 3-5 可得

$$M_z(F) = M_O(F_{xy}) = \pm F_{xy}h = \pm 2A_{\triangle OAB} \tag{3-15}$$

式中，$A_{\triangle OAB}$ 是 $\triangle OAB$ 的面积。

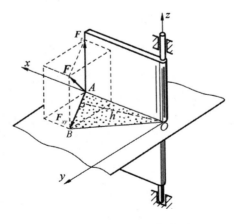

图 3-5　力 F 对 z 轴的作用

力对轴之矩：力对轴之矩是力使刚体绕该轴转动效果的度量，是代数量，其绝对值等于该力在垂直于该轴的平面上的投影对这个平面与该轴的交点之矩。

正负号的确定：从轴的正向来看，若力的投影使物体绕轴按顺时针方向转动，则取负号；反之则取正号。也可以采用右手螺旋定则来确定正负号，若拇指与 z 轴的方向一致，则取正号；反之则取负号。

如图 3-6 所示，由式（3-15）可得力 F 对 z 轴之矩为

$$M_z(F) = M_O(F_{xy}) = M_O(F_x) + M_O(F_y) = xF_y - yF_x$$

同理可得 $M_x(F)$ 和 $M_y(F)$ 两式。因此，力对轴之矩的解析式为

$$\begin{cases} M_x(F) = yF_z - zF_y \\ M_y(F) = zF_x - xF_z \\ M_z(F) = xF_y - yF_x \end{cases} \quad （3-16）$$

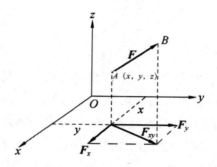

图 3-6　力 F 对 z 轴之矩

由式（3-14）和（3-16）可知

$$\begin{cases} [M_O(F)]_x = M_x(F) \\ [M_O(F)]_y = M_y(F) \\ [M_O(F)]_z = M_z(F) \end{cases} \quad （3-17）$$

由式（3-17）可知，力对某点的力矩矢量在通过该点的任意轴上的投影，等于力对该轴之矩。这便是力矩关系定理。

若已知力对通过 O 点的直角坐标轴 x、y、z 之矩，则该力对 O 点之矩的大小和方向余弦为

$$\begin{cases} |\boldsymbol{M}_O(\boldsymbol{F})| = \sqrt{[M_x(\boldsymbol{F})]^2 + [M_y(\boldsymbol{F})]^2 + [M_z(\boldsymbol{F})]^2} \\[2mm] \cos\ \alpha = \dfrac{M_x(\boldsymbol{F})}{|\boldsymbol{M}_O(\boldsymbol{F})|} \\[2mm] \cos\ \beta = \dfrac{M_y(\boldsymbol{F})}{|\boldsymbol{M}_O(\boldsymbol{F})|} \\[2mm] \cos\ \gamma = \dfrac{M_z(\boldsymbol{F})}{|\boldsymbol{M}_O(\boldsymbol{F})|} \end{cases} \tag{3-18}$$

式中，α、β、γ 分别为力 $\boldsymbol{F}$ 对 O 点之矩与 x、y、z 轴的夹角。

3.3　空间力偶系

3.3.1　力偶矩矢

　　空间力偶对刚体的作用效应受三个因素的影响：力偶矩的大小；力偶作用面的方位和力偶的转向。

　　上述三个因素可以用矢量表示。如图 3-7（a）所示，矢量的长度表示力偶矩的大小，矢量的方向与力偶作用面的法线方位相同，矢量的指向与力偶转向的关系服从右手螺旋定则，此矢量被称为力偶矩矢。因此，空间力偶矩必须用力偶矩矢来表示。很容易证得力偶对空间任意一点的矩矢与矩心无关，都等于力偶矩矢，力偶矩矢可用记号 $\boldsymbol{M}(\boldsymbol{F}, \boldsymbol{F}')$ 或者 $\boldsymbol{M}$ 来表示。由图 3-7（b）可知，力偶矩的大小为

$$\boldsymbol{M} = \boldsymbol{r}_{BA} \times \boldsymbol{F} \tag{3-19}$$

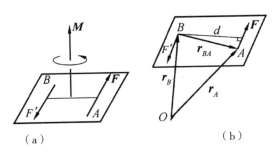

（a）　　　　　　　　　　　　（b）

图 3-7　空间力偶的三个因素

　　可见，力偶对刚体的作用完全由力偶矩矢决定。由此可得空间力偶等效定理，即作用在同一刚体上的两个空间力偶，如果其力偶矩矢相等，那么它们彼此等效。

　　由空间力偶等效定理可知，空间力偶可以在同一平面内任意转移，甚至可以

转移到与其作用平面平行的任意平面上，而不改变力偶对刚体的作用效应。此外，还可以改变力与力偶臂的大小或者将力偶在其作用面内任意转移，只要力偶矩矢的大小、方向不改变，其作用效应也不会改变。

3.3.2 空间力偶系的合成与平衡

1. 空间力偶系的合成

空间力偶系是由任意个空间分布的力偶组成的，力偶矩矢是力偶作用效应的度量，因此空间力偶系的合成等同于各力偶矩矢的合成。力偶矩矢为自由矢量，可以将其平移到空间中的任意一点，从而得到空间汇交的力偶矩矢系。

因此，空间力偶系可合成为一合力偶，合力偶矩矢等于各分力偶矩矢的矢量和，即

$$M = M_1 + M_2 + \cdots + M_n = \sum_{i=1}^{n} M_i \tag{3-20}$$

将上式分别向直角坐标系的 x、y、z 轴投影，可得

$$\begin{cases} M_x = M_{1x} + M_{2x} + \cdots + M_{nx} = \sum_{i=1}^{n} M_{ix} \\ M_y = M_{1y} + M_{2y} + \cdots + M_{ny} = \sum_{i=1}^{n} M_{iy} \\ M_z = M_{1z} + M_{2z} + \cdots + M_{nz} = \sum_{i=1}^{n} M_{iz} \end{cases} \tag{3-21}$$

上式说明，合力偶矩矢在 x、y、z 轴上的投影等于各分力偶矩矢在相应轴上投影的代数和。合力偶矩矢的解析表达式为

$$M = \sum M_x \boldsymbol{i} + \sum M_y \boldsymbol{j} + \sum M_z \boldsymbol{k} \tag{3-22}$$

由上式可得，合力矩矢的大小和方向余弦为

$$\begin{cases} M = \sqrt{\left(\sum M_x\right)^2 + \left(\sum M_y\right)^2 + \left(\sum M_z\right)^2} \\ \cos\alpha = \dfrac{\sum M_x}{M} \\ \cos\beta = \dfrac{\sum M_y}{M} \\ \cos\gamma = \dfrac{\sum M_z}{M} \end{cases} \tag{3-23}$$

式中，α、β、γ 分别为合力矩矢 M 与 x、y、z 轴的夹角。

2. 空间力偶系的平衡

空间力偶可以合成一合力偶，由此可知，空间力偶系的合力偶矩矢等于零，且所有力偶矩矢的矢量和也等于零，是空间力偶系平衡的必要和充分条件。即

$$M = \sum M_i = 0 \tag{3-24}$$

由式（3-23）可知，要使合力偶矩矢 M 等于零，则需要同时满足

$$\begin{cases} \sum M_x = 0 \\ \sum M_y = 0 \\ \sum M_z = 0 \end{cases} \tag{3-25}$$

式（3-25）为空间力偶系的平衡方程，由此可知，空间力偶系平衡的必要和充分条件为，该力偶系中各力偶矩矢在三个坐标轴上投影的代数和分别等于零。

3.4 空间任意力系的简化与平衡

3.4.1 空间任意力系的简化

当空间力系中各力的作用线在空间任意分布时，该力系称为空间任意力系。

1. 空间任意力系的简化原理

空间中一力可以向一点平移，但需要附加一力偶才能等效，附加力偶的力偶矩矢量等于该力对平移点的力矩矢量。在简化空间力系（F_1，F_2，F_3，…，F_n）时，先选择简化中心点 O，将各力向简化中心平移，得到一空间汇交力系（F'_1，F'_2，F'_3，…，F'_n）以及一空间力偶系，各力偶矩矢与原作用力对简化中心的力矩矢量相同，即 $M_1 = M_O(F_1)$，$M_2 = M_O(F_2)$，$M_3 = M_O(F_3)$，…，$M_n = M_O(F_n)$。将该空间汇交力系合成一合力，该力汇交作用于简化中心，其大小与方向用矢量 F_R 表示；将该空间力偶系合成一力偶，其力偶矩矢用 M_O 表示。则

$$F_R = \sum_{i=1}^{n} F_i \ , \ M_O = \sum_{i=1}^{n} M_O(F_i) \tag{3-26}$$

F_R 是空间力系中各力的矢量和，称为力系的主矢；M_O 是空间力系中各力对简化中心之矩的矢量和，称为力系对简化中心 O 的主矩。由此可知，空间力系可以简化为任意选定的简化中心上作用的一个力及一个力偶，该力及力偶分别用空间力系的主矢及主矩描述。主矩与简化中心的选择有关，主矢则与简化中心的选择无关。

2.空间任意力系的简化结果分析

空间任意力系向一点简化为一力和一力偶之后，还可以进一步简化。如图 3-8 所示，先将力偶矩矢 M_o 分解为与 F_R 平行和垂直的两部分，即 M' 和 M''。因为 M'' 垂直于 F_R，画出力偶矩矢 M'' 所代表的力偶的两个力，并使其中的力 F''_R 与 F_R 的大小相等、方向相反，且作用于 O 点。则另一力 $F'_R=F_R$，且作用于 O' 点，线段 $OO'=d$，M'' 垂直于 F_R 与 M_o 形成的平面。力偶矩矢 M' 是自由矢量，可以平移到 O' 点，所以空间任意力系最终都可以简化为作用于 O' 点的一个力和一个力偶，且 $F'_R=F_R$，力偶矩矢 M' 的大小为 $\dfrac{M_o F_R}{|F_R|}$，这种力的作用线垂直于力偶作用面的力系称为力螺旋。

由此可以得出结论：空间中任一力系在一般情况下都可以简化为力螺旋。

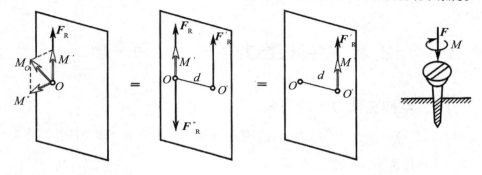

图 3-8　空间任意力系的简化结果分析

3.4.2　空间任意力系的平衡

空间任意力系处于平衡状态的必要和充分条件是，该力系的主矢和对于任一点的主矩都等于零。

由式（3-26）可进一步得到空间任意力系的平衡方程，即

$$\begin{cases} \sum F_x = 0 \\ \sum F_y = 0 \\ \sum F_z = 0 \\ \sum M_x(\boldsymbol{F}) = 0 \\ \sum M_y(\boldsymbol{F}) = 0 \\ \sum M_z(\boldsymbol{F}) = 0 \end{cases} \qquad （3-27）$$

由式（3-27）可知，力系中各力在直角坐标系各轴上的投影的代数和为零，且

各力对每个坐标轴之矩的代数和也为零，是空间任意力系平衡的必要和充分条件。

空间力偶系、空间汇交力系、空间平行力系等特殊力系，也都可以通过式（3-27）推导出平衡方程。

【例 3-1】圆柱重 W=10 kN，现用电机链条传动使圆柱匀速提升，链条两边和水平方向所夹的角都为 30°，如图 3-9 所示。已知链条主动边的拉力 T_1 是链条从动边拉力 T_2 的两倍，链条的半径 r_1=20 cm，鼓轮半径 r=10 cm。忽视其余物体的重量，求向心轴承 A 和 B 的约束力和链的拉力的大小。（图中长度单位为 cm）

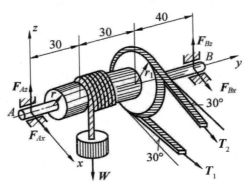

图 3-9 例 3-1 图

【解】将整个轴作为研究对象，受力分析如图 3-9 所示。轴上有主动力 W、T_1、T_2，$T_1=2T_2$，向心轴承 A 和 B 的约束力分别为 F_{Ax}、F_{Az}、F_{Bx}、F_{Bz}，轴受空间任意力系作用。选取如图 3-9 所示的坐标轴，列出平衡方程。

$$\sum F_x = 0,\ 即 F_{Ax} + F_{Bx} + T_1\cos 30^\circ + T_2\cos 30^\circ = 0$$

$$\sum F_z = 0,\ 即 F_{Az} + F_{Bz} + T_1\sin 30^\circ - T_2\sin 30^\circ - W = 0$$

$$\sum M_x(\boldsymbol{F}) = 0,\ 即 -30W + 60T_1\sin 30^\circ - 60T_2\sin 30^\circ + 100F_{Bz} = 0$$

$$\sum M_y(\boldsymbol{F}) = 0,\ 即 Wr - T_1r_1 + T_2r_1 = 0$$

$$\sum M_z(\boldsymbol{F}) = 0,\ 即 -60T_1\cos 30^\circ - 60T_2\cos 30^\circ - 100F_{Bx} = 0$$

解得

$F_{Ax} = -20.78$ kN，$F_{Az} = 13$ kN，$F_{Bx} = 7.79$ kN，$F_{Bz} = 1.5$ kN，$T_1 = 10$ kN，$T_2 = 5$ kN。

3.5 物体的重心

3.5.1 平行力系中心

假设空间平行力系由 F_1，F_2，F_3，$\cdots$，F_n 组成，可以证明：平行力系合力作用点的位置与各平行力的大小以及作用点的位置有关，与各平行力的方向无关。该作用点称为平行力系中心，其坐标为

$$\begin{cases} x_C = \dfrac{\sum F_i x_i}{\sum F_i} \\[2mm] y_C = \dfrac{\sum F_i y_i}{\sum F_i} \\[2mm] z_C = \dfrac{\sum F_i z_i}{\sum F_i} \end{cases} \qquad (3\text{-}28)$$

式中，x_i、y_i、z_i 分别为分力 F_i 作用点的坐标。

3.5.2 物体的重心

地球表面上物体的重力可以看作是平行力系，该平行力系的中心便是物体的重心。物体的重心与其在空间中的位置无关。

假设物体由若干部分组成，第 i 部分的重量为 P_i，其重心为（x_i，y_i，z_i），则由式（3-28）可得物体的重心坐标为

$$\begin{cases} x_C = \dfrac{\sum P_i x_i}{\sum P_i} \\[2mm] y_C = \dfrac{\sum P_i y_i}{\sum P_i} \\[2mm] z_C = \dfrac{\sum P_i z_i}{\sum P_i} \end{cases} \qquad (3\text{-}29)$$

如果物体是均质的，由式（3-28）可得

$$
\left.\begin{array}{l}
x_C = \dfrac{\displaystyle\int_V x\,\mathrm{d}V}{V} \\[3mm]
y_C = \dfrac{\displaystyle\int_V y\,\mathrm{d}V}{V} \\[3mm]
z_C = \dfrac{\displaystyle\int_V z\,\mathrm{d}V}{V}
\end{array}\right\}
\qquad（3-30）
$$

式中，V 为物体的体积。对于均质物体来说，其重心就是几何形心。

3.5.3　确定均质物体重心的方法

1. 简单几何形体物体的重心

一些简单几何形体物体存在对称中心、对称轴或对称面，该物体的重心便在这些对称中心、对称轴或对称面上。比如，平行四边形的重心在其对角线的交点上；椭球体的重心在其几何中心上。一些简单几何形体物体的重心可以从工程手册上查到。表 3-1 列出了几种简单几何形体物体的重心。

表 3-1　几种简单几何形体物体的重心

名称	图形	重心位置
三角形	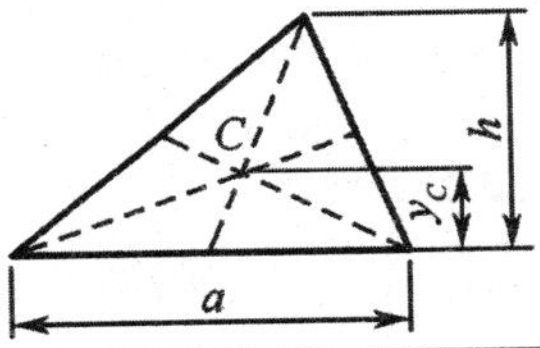	三条中线的交点： $y_c = \dfrac{1}{3}h$
圆弧	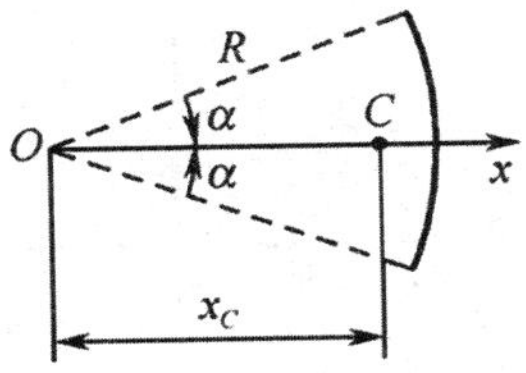	$x_c = \dfrac{R\sin\alpha}{\alpha}$（$\alpha$ 以弧度计）； 半圆弧 $\left(\alpha = \dfrac{\pi}{2}\right)$：$x_c = \dfrac{2R}{\pi}$

（续　表）

名称	图形	重心位置
梯形	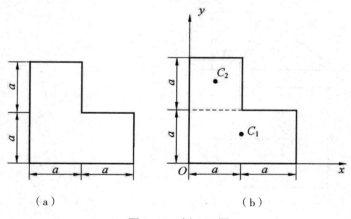	上、下底边中点的连线上： $$y_C = \frac{h(a+2b)}{3(a+b)}$$
半球形体		$$z_C = \frac{3}{8}R$$

2. 组合法

（1）分割法。如果某物体由几个形状简单的物体组成，并且这些物体的重心也都是已知的，那么该物体的重心可以通过式（3-29）求出。

【例3-2】试求如图3-10（a）所示的均质钢板的重心。

图3-10　例3-2图

【解】取坐标轴如图3-10（b）所示，并将钢板分割成两个矩形，C_1、C_2分别表示两个矩形的重心，坐标分别为（x_1, y_1）、（x_2, y_2），其面积分别用A_1、A_2表示。依据重心计算公式，得该钢板的重心坐标为

$$x_C = \frac{A_1 x_1 + A_2 x_2}{A_1 + A_2} = \frac{2a^2 \cdot a + a^2 \times \frac{1}{2}a}{3a^2} = \frac{5}{6}a$$

$$y_C = \frac{A_1 y_1 + A_2 y_2}{A_1 + A_2} = \frac{2a^2 \times \frac{1}{2}a + a^2 \times \frac{3}{2}a}{3a^2} = \frac{5}{6}a$$

（2）负面积法（负体积法）。如果某物体被切去一部分（或者某物体带有孔），仍旧可以使用分割法求重心，只是切去部分的面积或体积应取负值。

【例 3-3】同样以如图 3-10（a）所示的均质钢板为例，求该钢板的重心。

【解】如图 3-11 所示，将均质钢板看作是由边长为 $2a$ 的正方形钢板（面积为 A_1）切去了边长为 a 的正方形钢板（面积为 A_2）得到的，切去部分的面积 A_2 应取负值。假设大正方形钢板（面积为 A_1）和小正方形钢板（面积为 A_2）的重心 C_1、C_2 的坐标分别为（x_1，y_1）、（x_2，y_2），依据重心计算公式，得该钢板重心坐标为

$$x_C = \frac{A_1 x_1 + A_2 x_2}{A_1 + A_2} = \frac{4a^2 \cdot a + \left(-a^2\right) \times \frac{3}{2}a}{4a^2 + \left(-a^2\right)} = \frac{5}{6}a$$

$$y_C = \frac{A_1 y_1 + A_2 y_2}{A_1 + A_2} = \frac{4a^2 \cdot a + \left(-a^2\right) \times \frac{3}{2}a}{4a^2 + \left(-a^2\right)} = \frac{5}{6}a$$

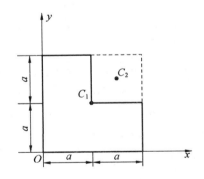

图 3-11　例 3-3 图

3. 实验法

在工程实际中，人们常常会遇到一些外形复杂的物体，这些物体很难使用计算的方法得到其重心，此时便可以采取实验法，如称重法、悬挂法、平移法、牵引法等。下面简要介绍悬挂法求薄板的重心。

如图 3-12（a）所示，先将薄板悬挂于任意一点 A，依据二力平衡定理，薄板的重心必然在悬挂点的铅直线 AB 上。取下薄板，任意另取一点 D，将薄板再

次悬挂起来，此时又可以画出一条直线，即 *DE*。直线 *AB* 和 *DE* 必然存在交点 *C*，则 *C* 点便是薄板的重心，如图 3-12（b）所示。

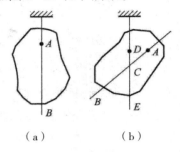

（a）　　　　　（b）

图 3-12　悬挂法求薄板的重心

思考题

1. 空间平行力系简化的结果是什么？可能合成为力螺旋吗？

2. 为什么空间任意力系总可以用两个力来平衡？

3. 如果某一空间力系对不共线的三个点的主矩都为零，请问该力系是否一定平衡？

4. 如果把物体沿着过重心的平面分割成两部分，请问这两部分是否一样重？

5. 如果将一均质的钢杆弯成半圆形，其重心位置是否会发生变化？

习题

1. 有一六面体，其边长 $a=100\,mm$，$b=100\,mm$，$c=80\,mm$，在该六面体上作用有三个力，$F_1=3\,kN$，$F_2=3\,kN$，$F_3=5\,kN$，如图 3-13 所示。计算各力在坐标轴上的投影。

2. 在水平轴上装有两个凸轮，两个凸轮上作用有两个力 F_1、F_2，已知 $F_1=800\,N$，F_2 未知，假设轴平衡，求 F_2 的大小和轴承反力。

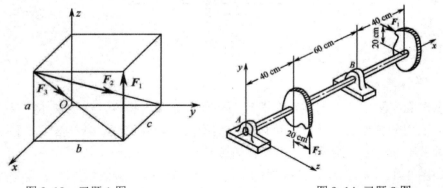

图 3-13　习题 1 图　　　　　　　　　　图 3-14 习题 2 图

3. 如图 3-15 所示，有一均质等厚 Z 字形薄板，薄板尺寸在图中已经标出，单位为 mm。求该薄板的重心。

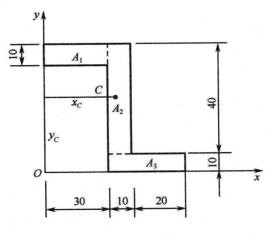

图 3-15　习题 3 图

运动学篇

静力学主要研究作用在物体上的力系的平衡条件，如果作用在物体上的力系不平衡，物体的运动便会发生变化。物体运动不仅和受力情况有关，还与物体原来的运动状态以及自身的惯性有关。总之，物体在力的作用下的运动是复杂的问题。运动学篇暂时不考虑影响物体运动的物理因素，仅研究物体运动的几何性质，如轨迹、运动方程、速度和加速度等。学习运动学可以为分析机构的运动打好基础。

第4章　点的运动与刚体的基本运动

4.1　点　的　运　动

4.1.1　运动学的基本概念

物体的运动是指物体在空间的位置随时间变化而变化的规律。运动学是研究物体运动的几何性质的科学。

在研究物体的运动时，常常需要借助研究对象周围的物体来确定研究对象的位置，该物体称为参考体。物体相对于参考体的位置由它在与参考体固连的参考系中的坐标来确定。固连在参考体上的坐标系称为参考坐标系，简称参考系。需要注意的是，对物体运动的描述具有相对性，当选取的参考体不同时，对运动的描述也是不同的。因此，在研究物体的运动时，通常需要确定参考体或参考系。当然，无论选取怎样的参考体或参考系，物体运动的客观本质是不变的。

在研究物体的运动时，除了考虑位置这一要素外，还需要考虑时间这一要素。关于时间要素，有两个概念需要区分：时间间隔和瞬时。时间间隔是指物体从一个位置到另一个位置所经历的时间；瞬时是指时间间隔趋近于零的一刹那。

在运动学中，常常把研究的物体抽象为两种力学模型：点和刚体。点是指没有大小，仅在空间中占据位置的几何点；刚体指由无限个点组成的不变的系统。在不同的问题中，同一物体所抽象的模型也不同。例如，在研究卫星的飞行姿态时，可以将其抽象为刚体；而在研究卫星飞行的轨迹时，可以将其抽象为点。

4.1.2　用矢量法研究点的运动

研究点的运动规律常用的方法有三种：矢量法、直角坐标法和自然法。在本书中，仅对矢量法做介绍。

用矢量表示动点在参考系中的位置、速度和加速度随时间变化规律的方法，称为矢量法。

1.点的运动方程

描述点的空间位置随时间变化规律的数学表达式，称为点的运动方程。在物理学中，点在空间运动时所经过的路线称为轨迹。轨迹可以是曲线，也可以是直线。如果轨迹为曲线，称该点的运动为曲线运动；如果轨迹为直线，称该点的运动为直线运动。

点 M 的运动轨迹如图 4-1 所示，将固定的点 O 作为坐标原点，从点 O 向动点 M 作矢量 r，则 r 称为动点 M 相对于原点 O 的位置矢径，简称矢径。当点 M 运动时，矢量 r 会随着时间的变化而变化，它是时间的单值连续函数，即

$$r=r(t) \tag{4-1}$$

式（4-1）是点的矢量形式的运动方程。该运动方程表示了动点 M 的位置随时间变化的规律。

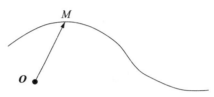

图 4-1　点 M 的运动轨迹

动点 M 在运动的过程中，其矢径 r 的末端在空间所描出的曲线，即为动点的轨迹，该轨迹又称为矢径端迹。

2.点的速度

如图 4-2 所示，在 t 时刻，动点 M 处于 $M(t)$ 点，其矢径为 r；在 $t+\Delta t$ 时刻，动点 M 位于 $M'(t+\Delta t)$ 点，其矢径为 r'。在 Δt 内矢量增量为 $\Delta r=r'-r$，Δr 称为动点在 Δt 内的位移。令 $v^*=\dfrac{\Delta r}{\Delta t}$，$v^*$ 称为动点在 Δt 内的平均速度。

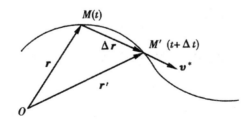

图 4-2　点的速度

令

$$v = \lim_{\Delta t \to 0} v^* = \lim_{\Delta t \to 0} \frac{\Delta r}{\Delta t} = \frac{dr}{dt} = \dot{r} \qquad (4-2)$$

式中，v 是动点 M 在 t 时刻的瞬时速度，即动点的速度等于其矢径对时间的一阶导数。速度的大小 $|v| = |\dot{r}|$，又称为速率，它用于表示点运动的快慢；速度的方向为沿轨迹在点 M 处的切线，指向点运动的一方，如图4-3所示。速度的常用单位为 m/s。

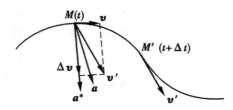

图 4-3　点的加速度

3. 点的加速度

如图 4-3 所示，在 t 时刻，动点 M 位于 $M(t)$ 点，其速度为 v；在 $t+\Delta t$ 时刻，动点 M 处于 $M'(t+\Delta t)$ 点，速度为 v'。在 Δt 内，动点速度的变化量为 $\Delta v = v' - v$，令 $a^* = \dfrac{\Delta v}{\Delta t}$，$a^*$ 即为动点在 Δt 内的平均加速度。

令

$$a = \lim_{\Delta t \to 0} a^* = \lim_{\Delta t \to 0} \frac{\Delta v}{\Delta t} = \frac{dv}{dt} = \dot{v} = \ddot{r} \qquad (4-3)$$

式中，a 为动点 M 在 t 时刻的瞬时加速度。加速度是矢量，它是描述动点速度和方向变化的物理量，其方向指向轨迹处的切线方向。加速度的常用单位为 m/s²。

式（4-2）和（4-3）中，字母上的"·"表示该量对时间的一阶导数，"··"表示该量对时间的二阶导数。

4.2　刚体的平行移动

在刚体的运动过程中，其上任一直线段始终保持与直线段的初始位置平行，刚体的这种运动形式称为平行移动，简称平动。刚体的平动可以分为直线平动和曲线平动。若刚体内各点的运动轨迹是直线，并且这些直线彼此平行，则称为直线平动。例如，图4-4是气缸内活塞的运动示意图，在运动时，活塞内各点都做直线运动，且各点的运动轨迹是平行的，所以该构件的运动形式为直线平动。若刚体内各点运动的轨迹是曲线，则称为曲线平动。例如，图 4-5 是运料槽的运动示意图，在运料槽工作时，各点的运动轨迹都是圆弧（曲线），所以该构件的运动形式为曲线平动。

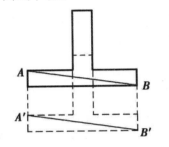

图 4-4　气缸内活塞的运动示意图

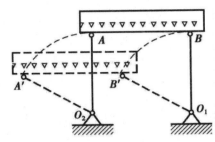

图 4-5　运料槽的运动示意图

依据刚体平动的特征，可以求出刚体上各点的速度、角速度及其分布情况。

如图 4-6 所示，某刚体在做平动，在这个过程中，刚体上任意两点 A、B 的连线始终保持平行。A、B 两点的位置分别用矢径 r_A、r_B 表示，则矢径端迹就是 A、B 两点的运动轨迹。

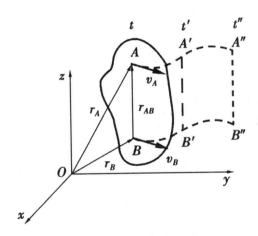

图 4-6　某刚体的平动示意图

r_A、r_B 的关系为

$$r_A = r_B + r_{AB} \tag{4-4}$$

式中，r_{AB} 表示 B 点相对于 A 点的位置矢量，它是常矢量。式（4-4）两边对时间求导，可得

$$v_A = v_B \tag{4-5}$$

式（4-5）在任何瞬时都成立。v_A 和 v_B 分别表示 A、B 两点的速度。在此基础上再对时间求导，可得

$$a_A = a_B \qquad\qquad (4\text{-}6)$$

式中，a_A 和 a_B 分别表示 A、B 两点的加速度。

因为 A、B 两点是任意选取的，所以上述结论对刚体上的所有点都成立，即平动刚体上各点的轨迹形状相同，在同一瞬时，刚体上各点的速度和加速度也分别相同。同理，刚体上任意一点的运动也都可以用来表示整个刚体的运动，所以，刚体的平动问题通常也可以归结为点的运动学问题。

【例 4-1】如图 4-7 所示，一木材用两条等长的钢索平行吊起。已知钢索的长为 l，当木材摆动时，钢索的摆动规律为 $\varphi = \varphi_0 \sin \dfrac{\pi}{4} t$（转角的单位为 rad，时间的单位为 s）。当 $t=0$ 和 $t=2$ 时，求木材中点 M 的速度和加速度。

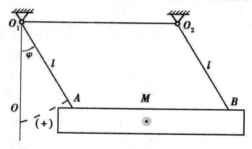

图 4-7　例 4-1 图

【解】已知两条钢索的长度相等且平行，所以木材在摆动的过程中，直线 AB 始终与 O_1O_2 平行。要求点 M 的速度和加速度，只需要求出点 A 或点 B 的速度和加速度即可。在木材运动的过程中，点 A 的运动轨迹为圆弧，圆弧的半径为钢索的长度 l。将 O 点定为起点，规定圆弧坐标 s 向右为正，则点 A 的运动方程为

$$s = \varphi_0 l \sin \frac{\pi}{4} t$$

上式对时间求导，可得点 A 的速度为

$$v = \frac{\mathrm{d}s}{\mathrm{d}t} = \frac{\pi}{4} l \varphi_0 \cos \frac{\pi}{4} t$$

对速度再进行一次求导，可得点 A 的加速度为

$$a_t = \frac{\mathrm{d}v}{\mathrm{d}t} = -\frac{\pi^2}{16} l \varphi_0 \sin \frac{\pi}{4} t$$

故点 A 的法向加速度为

$$a_n = \frac{v^2}{l} = \frac{\pi^2}{16} l \varphi_0^2 \cos^2 \frac{\pi}{4} t$$

将 $t=0$ 和 $t=2$ 代入上式中，便可以求得点 A 在这两个时刻的速度和加速度，即点 M 在这两个时刻的速度和加速度。计算结果如表 4-1 所示。

表 4-1 计算结果

t/s	φ/rad	$v/(\text{m} \cdot \text{s}^{-1})$	$a_l/(\text{m} \cdot \text{s}^{-2})$	$a_n/(\text{m} \cdot \text{s}^{-2})$
0	0	$\dfrac{\pi}{4}l\varphi_0$（水平向右）	0	$\dfrac{\pi^2}{16}l\varphi_0^2$（铅直向上）
2	φ_0	0	$-\dfrac{\pi^2}{16}l\varphi_0$	0

4.3 刚体绕定轴的转动

在刚体的运动过程中，刚体上或其扩展部分有一线段始终保持不动，这种运动形式称为刚体的定轴转动。固定不动的轴称为刚体的转轴。刚体在运动时，刚体上各点都在垂直于转轴的各个平面内做圆周运动，其圆心在转轴上。如图 4-8 所示，杆 AB 便在围绕着定轴 O 转动。

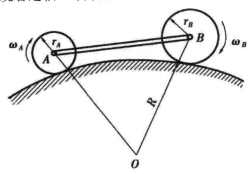

图 4-8 杆 AB 绕着定轴 O 转动

如图 4-9 所示，假设刚体绕定轴 Oz 转动，为了确定刚体的位置，在刚体上取包含 Oz 轴的半平面 P，该半平面随刚体的转动一起转动；然后再取固定的半平面 P_0，该半平面固定，并将其作为半平面 P 的参考体。半平面 P 的位置可以由 P_0 确定，刚体的位置可由半平面 P 确定。半平面 P 与 P_0 之间的夹角 φ 称为刚体的转角，其正负可依据右手螺旋定则来确定。让右手四指弯曲的方向与转角 φ 增加的方向一致，如果拇指的指向与 Oz 轴约定的正向相同，则取正；反之，则取负。转角 φ 的单位为弧度（rad）。

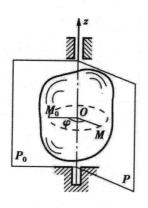

图 4-9　刚体绕定轴 Oz 转动

在刚体绕轴转动的过程中，转角 φ 随时间的变化而变化，它是时间 t 的单值连续函数，即

$$\varphi = f(t) \tag{4-7}$$

式（4-7）称为刚体的转动方程。

假设刚体转动的时间经过了 Δt，转角由 φ 变为 $\varphi + \Delta\varphi$，$\Delta\varphi$ 称为刚体的角位移。用 $\omega^* = \Delta\varphi / \Delta t$ 来度量刚体在时间间隔 Δt 内转动的快慢和转向，ω^* 称为 Δt 内的平均角速度。将 ω^* 的极限值称为刚体在 t 时刻的瞬时角速度，用 ω 表示，即

$$\omega = \lim_{\Delta t \to 0} \omega^* = \lim_{\Delta t \to 0} \frac{\Delta\varphi}{\Delta t} = \frac{\mathrm{d}\varphi}{\mathrm{d}t} = \dot{\varphi} \tag{4-8}$$

角速度 ω 等于刚体的转角 φ 对时间 t 的一阶导数，其大小表示刚体在 t 时刻时转动的快慢，正负则表示转动的方向，单位为 rad/s。

在工程实际中，经常用转速表示刚体转动的快慢。转速是指刚体每分钟转动的圈数，用符号 n 表示，单位为 r/min。转速与角速度的关系为

$$\omega = \frac{2\pi n}{60} = \frac{\pi n}{30} \tag{4-9}$$

假设在时间间隔 Δt 内，刚体转动的角速度由 ω 增加到 $\omega + \Delta\omega$，用 α^* 表示刚体角速度在时间间隔 Δt 内变化的情况，则 α^* 称为 Δt 内的平均角加速度。α^* 的极限值称为刚体在 t 时刻的瞬时角加速度，用 α 表示，即

$$\alpha = \lim_{\Delta t \to 0} \alpha^* = \lim_{\Delta t \to 0} \frac{\Delta\omega}{\Delta t} = \frac{\mathrm{d}\omega}{\mathrm{d}t} = \frac{\mathrm{d}^2\varphi}{\mathrm{d}t^2} = \dot{\omega} = \ddot{\varphi} \tag{4-10}$$

刚体的角加速度 α 等于刚体的角速度 ω 对时间 t 的一阶导数，也等于转角 φ 对时间 t 的二阶导数。角加速度的单位为 rad/s^2。

在刚体的转动过程中，若角速度为常量，则称为刚体的匀速转动，即

$$\begin{cases} \alpha = 0 \\ \varphi = \varphi_0 + \omega_0 t \end{cases} \tag{4-11}$$

若角加速度为常量，则称为刚体的匀变速转动，即

$$\begin{cases} \omega = \omega_0 + \alpha t \\ \varphi = \varphi_0 + \omega_0 t + \dfrac{1}{2}\alpha t^2 \\ \omega^2 = \omega_0^2 + 2\alpha\left(\varphi - \varphi_0\right) \end{cases} \tag{4-12}$$

式中，φ_0 和 ω_0 分别为 $t=0$ 时刚体的转角和角速度。

思考题

1. 刚体做平动时，刚体上的各点是否一定做直线运动？

2. 在做定轴转动的刚体上，哪些点的加速度大小相等？哪些点的加速度的方向相同？哪些点的加速度大小和方向都相同？

习题

1. 如图 4-10 所示，横杆 OA 和 O_1B 相交于 D 处，并用十字滑块固定起来，现横杆 OA 和 O_1B 分别绕 O 轴和 O_1 轴转动，由于两横杆被固定，所以在运动的过程中两横杆也始终保持相交。已知 $OO_1=a$，$\varphi=kt$，k 为常数，求滑块的速度和相对于杆 OA 的速度。

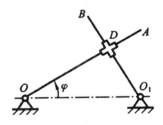

图 4-10　习题 1 图

2. 如图 4-11 所示，一滑块在水平地面上以匀速 v_C 运动，滑块上有一销钉 B，套在可绕固定轴转动的导槽 OA 中，从而带动 OA 绕固定轴 O 转动。OA 杆的初始位置为铅垂位置。求 OA 杆的角速度和角加速度随时间变化的规律。

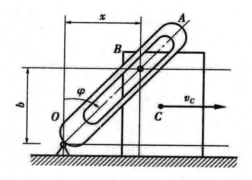

图 4-11 习题 2 图

第 5 章　点的合成运动

5.1　点的合成运动的基本概念

在描述物体的运动时，如果选取的参考系不同，那么结论也不同。比如，当人站在地面上时，看到火车的车厢是运动的，而在火车内的人看到的车厢则是静止的。既然选取不同的参考系会导致对同一物体运动的描述出现不同，那么物体相对不同的参考系的运动之间有什么关系呢？为了明确这种关系，人们提出了合成运动的概念。

5.1.1　固定参考系和动参考系

如图 5-1 所示，起重机在起吊重为 M 的物体，物体既向上运动，也随着小车向右运动。如果将地面作为参考系，物体是向右上方运动的；如果选取的参考系是起重机，则物体是向上运动的。将物体简化为质点，它称为动点，然后在地面固连一坐标系，它称为固定参考系，用 Oxy 表示。在小车上也固连一坐标系，因为小车是运动的，所以该坐标系称为动参考系，用 $O'x'y'$ 表示。

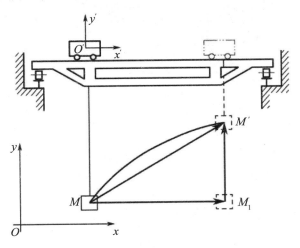

图 5-1　起重机起吊物体的示意图

5.1.2 绝对运动、相对运动和牵连运动

动点相对于固定参考系的运动，称为绝对运动。在绝对运动中，动点的轨迹、速度和加速度分别称为绝对轨迹、绝对速度和绝对加速度。

动点相对于动参考系的运动，称为相对运动。在相对运动中，动点的轨迹、速度和加速度分别称为相对轨迹、相对速度和相对加速度。

动参考系相对于固定参考系的运动，称为牵连运动。

由于动参考系是固连于某个物体上的，所以动参考系的运动其实就是与其固连的物体的运动。由此可见，牵连运动的形式也不是固定的，它可以是平动、定轴转动或其他更为复杂的运动形式。当动参考系在做定轴转动或其他复杂形式的运动时，其上各点的运动轨迹各不相同，在某个瞬时，各点的速度、加速度也是不相同的。因此，在某个瞬时，动参考系上与动点相重合的点（称为牵连点）相对于固定参考系的运动速度和加速度，分别称为该瞬时动点的牵连速度和牵连加速度。

例如，图 5-2 是车刀切削工件的示意图。如果把车刀刀尖作为研究对象，即动点，可在转动的工件上先建立动参考系 $x'y'z'$，然后在地面上建立固定参考系 xyz。则相对于固定参考系而言，工件所做的是牵连运动，车刀刀尖所做的是绝对运动；相对于动参考系而言，车刀刀尖在工件上刻出螺纹的动作称为相对运动。

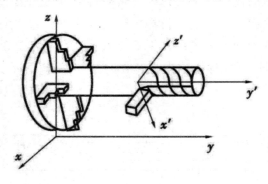

图 5-2 车刀切削工件的示意图

在选择动点和动参考系时，有一点需要注意，即不能在同一构件上选择动点和动参考系，二者之间必须存在相对运动。

5.1.3 运动的合成与分解

从前面的阐述可知，动点的绝对运动可以看成是牵连运动和相对运动复合而成的，也称为合成运动。反之，也可以将一个运动分解为牵连运动和相对运动两

个运动，这称为运动的分解。

在工程实际中，应用运动的合成和分解可以解决很多问题。比如，在遇到复杂的运动时，可以将其分解为两种简单的运动，从而使复杂问题简单化。

在应用运动的合成与分解时，需要先确定动点，然后建立固定参考系和动参考系，最后明晰绝对运动、相对运动和牵连运动。

图 5-3 是塔式起重机工作时的示意图。起重机的吊臂围绕塔身 z 轴转动，在吊臂上有小车沿着吊臂运动，在研究小车的运动时（把小车视为动点），可先在吊臂上建立动参考系，然后在地面上建立固定参考系，小车的牵连运动是吊臂绕塔身的转动，相对运动是小车相对于吊臂的直线平动，绝对运动是这两种运动的合成。

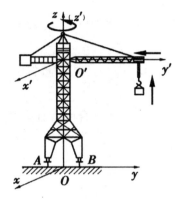

图 5-3　塔式起重机工作时的示意图

5.2　点的速度合成定理

如图 5-4 所示，曲线 AB 和动点都处于运动状态，在 t 时刻，动点位于曲线 AB 的 M 处，Δt 时间后，曲线 AB 运动到 $A'B'$ 处，动点沿弧线 MM' 运动到 M' 处。如果在固定参考系中观察动点的运动，动点的绝对轨迹为弧线 MM'。MM_1 称为动点的相对运动轨迹。在 Δt 时间内，曲线 AB 上与动点重合的那一点沿弧线 MM_2 运动到点 M_2，矢量 $\overline{MM'}$、$\overline{MM_1}$、$\overline{MM_2}$ 分别为动点 M 的绝对位移、相对位移和牵连位移。

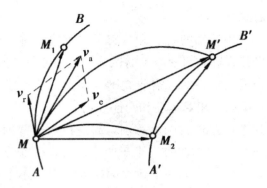

图 5-4 曲线 AB 与动点 M 的运动示意图

动点 M 在 t 时刻的绝对速度为 $v_a = \lim\limits_{\Delta t \to 0} \dfrac{\overrightarrow{MM'}}{\Delta t}$，其方向为沿绝对轨迹弧线 MM' 的切线方向；相对速度为 $v_r = \lim\limits_{\Delta t \to 0} \dfrac{\overrightarrow{MM_1}}{\Delta t}$，其方向为沿相对轨迹弧线 MM_1 的切线方向；牵连速度为曲线 AB 上与动点 M 重合的点在 t 时刻的速度，$v_e = \lim\limits_{\Delta t \to 0} \dfrac{\overrightarrow{MM_2}}{\Delta t}$，其方向为沿曲线 MM_2 的切线方向。

由图 5-4 中的矢量关系可得

$$\overrightarrow{MM'} = \overrightarrow{MM_2} + \overrightarrow{M_2M'}$$

用 Δt 除上式两端，并取极限，可得

$$\lim_{\Delta t \to 0} \frac{\overrightarrow{MM'}}{\Delta t} = \lim_{\Delta t \to 0} \frac{\overrightarrow{MM_2}}{\Delta t} + \lim_{\Delta t \to 0} \frac{\overrightarrow{M_2M'}}{\Delta t}$$

当 $\Delta t \to 0$ 时，曲线 $A'B'$ 趋于曲线 AB，有

$$\lim_{\Delta t \to 0} \frac{\overrightarrow{M_2M'}}{\Delta t} = \lim_{\Delta t \to 0} \frac{\overrightarrow{MM_1}}{\Delta t} = v_r$$

$$v_a = v_e + v_r \tag{5-1}$$

式（5-1）是矢量方程，包含了相对速度、绝对速度和牵连速度的大小和方向六个量。如果知道其中四个量，那么可以得出其他两个未知量。

在任意瞬时，动点的绝对速度等于牵连速度和相对速度的矢量和，这称为点的速度合成定理。依据该定理，在动点上作速度的平行四边形时，绝对速度都应在速度平行四边形的对角线方向上。

在推导点的速度合成定理时，对动参考系的运动没有进行限制，所以该定理对于平动、转动以及复杂运动等都适用。

【例 5-1】如图 5-5 所示，滑杆 AB 以速度 u 向上做匀速运动，O、B 的距离为 l，在开始工作前，$\varphi = 0$，求 $\varphi = \pi/4$ 时，杆 OD 上 D 点的速度。

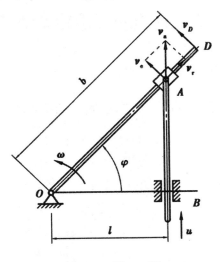

图 5-5　例 5-1 图

【解】杆 OD 的运动可看作是刚体做定轴转动，要求刚体上 D 点的速度，首先要求杆 OD 的角速度。可通过分析两部件连接处 A 点的运动情况去求未知量。

将 A 点作为动点，杆 OD 作为动参考系。点 A 的绝对轨迹为铅垂直线，相对轨迹为沿 OD 的直线，OD 的牵连运动为绕轴 O 的定轴转动。

如图 5-5 所示，作动点 A 的速度平行四边形。其中，v_a 的大小和方向已知；v_r 的大小未知，方向为沿 OD 向右上；v_e 的大小未知，方向为垂直于 OD 向左上。

由图可计算 v_e 的大小，即

$$v_e = v_a \cos \frac{\pi}{4} = \frac{\sqrt{2}}{2} u$$

由杆 OD 做定轴转动，可得

$$\omega = \frac{v_e}{OA} = \frac{\frac{\sqrt{2}}{2} u}{\sqrt{2} l} = \frac{u}{2l}$$

由图 5-5 可知，在杆 OD 做逆时针转动时，D 点的速度大小 $v_D = b\omega = \dfrac{bu}{2l}$，方向垂直于 OD 向左上。

5.3 点的加速度合成定理

在研究点的加速度合成定理时，牵连运动分为平动和定轴转动两种情况。

5.3.1 牵连运动为平动时的加速度合成定理

如图 5-6 所示，在刚体上有一动点 M，刚体做平动，M 点随钢体沿曲线 AB 运动。现建立固连于地面上的固定参考系 $Oxyz$，并建立固连于刚体上的动参考系 $O'x'y'z'$。i、j、k 和 i'、j'、k' 分别为沿参考系三个轴正向的单位矢量。

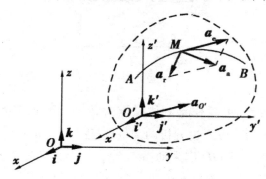

图 5-6 刚体上动点 M 的运动示意图

动点 M 相对于动坐标系 $O'x'y'z'$ 沿相对运动轨迹曲线 AB 运动。在 t 时刻，动点 M 的相对速度和相对加速度分别为

$$v_r = \dot{x}i' + \dot{y}j' + \dot{z}k'$$
$$a_r = \ddot{x}i' + \ddot{y}j' + \ddot{z}k'$$

在 t 时刻，动参考系上与动点 M 重合的点（牵连点）的速度和加速度分别是牵连速度 v_e 和牵连加速度 a_e，分别等于动参考系原点 O' 的速度和加速度，即

$$v_e = v_{O'}$$

$$a_e = a_{O'}$$

根据速度合成定理可知

$$v_a = v_e + v_r \tag{5-2}$$

上式两端对时间求一阶导数，可得

$$a_a = \frac{dv_a}{dt} = \frac{dv_e}{dt} + \frac{dv_r}{dt} \tag{5-3}$$

式（5-3）左端是动点相对于固定参考系的加速度，即绝对加速度。

式（5-3）右端中的 $v_e=v_{O'}$，由此可得

$$\frac{\mathrm{d}v_e}{\mathrm{d}t}=\frac{\mathrm{d}v_{O'}}{\mathrm{d}t}=a_{O'}=a_e \quad (5-4)$$

式（5-3）右端中的 v_r 可表示为

$$v_r=\frac{\mathrm{d}x'}{\mathrm{d}t}i'+\frac{\mathrm{d}y'}{\mathrm{d}t}j'+\frac{\mathrm{d}z'}{\mathrm{d}t}k' \quad (5-5)$$

式（5-5）两端对时间求一阶导数，可得

$$\frac{\mathrm{d}v_r}{\mathrm{d}t}=\frac{\mathrm{d}^2x'}{\mathrm{d}t^2}i'+\frac{\mathrm{d}^2y'}{\mathrm{d}t^2}j'+\frac{\mathrm{d}^2z'}{\mathrm{d}t^2}k'=a_r \quad (5-6)$$

将式（5-4）（5-6）代入式（5-3）中，得

$$a_a=a_e+a_r \quad (5-7)$$

由式（5-7）可知，当牵连运动为平动时，某一瞬时，动点的绝对加速度等于牵连加速度和相对加速度的矢量和，这称为牵连运动为平动时的加速度合成定理。

【例 5-2】如图 5-7 所示，在水平面上有一三棱柱体以匀加速度 a_0 向右平动，该三棱柱体的斜边与水平面成 θ 角。在三棱柱体上有一个一端铰接小轮的竖杆 AB，小轮沿着斜面滚动时，可带动竖杆在铅垂方向上下滑动。求竖杆的加速度。

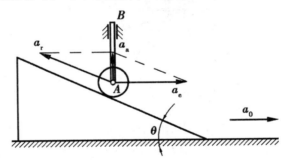

图 5-7　例 5-2 图

【解】AB 杆做平动，杆上各点的速度相等，所以可以将杆上的 A 点作为动点，并以三棱柱体为动参考系，地面为固定参考系。

三棱柱体的运动为牵连运动，牵连运动为平动，则牵连加速度 $a_e=a_0$。竖杆上 A 点沿斜面的运动为相对运动，因而 a_r 的方向已知。A 点的铅垂运动为绝对运动，a_a 的方向在铅垂方向。依据牵连运动为平动时的加速度合成定理，可画出 A 点的加速度关系图，如图 5-7 所示。由图 5-7 的几何关系可知

$$a_a=a_e\tan\theta=a_0\tan\theta$$

所以，*AB* 杆的加速度大小 $a_{AB}=a_0\tan\theta$，方向为铅垂向上。

5.3.2 牵连运动为定轴转动时的加速度合成定理

当牵连运动为定轴转动时，点的加速度合成定理与牵连运动为平动时不同。下面推导牵连运动为定轴转动时的点的加速度合成定理。

如图 5-8 所示，动点 *M* 相对于动参考系 *O'x'y'z'* 沿相对运动轨迹弧线 *AB* 运动，动点 *M* 的相对速度和相对加速度分别为

$$v_r = \dot{x}'\boldsymbol{i}' + \dot{y}'\boldsymbol{j}' + \dot{z}'\boldsymbol{k}' \tag{5-8}$$

$$\boldsymbol{a}_r = \ddot{x}'\boldsymbol{i}' + \ddot{y}'\boldsymbol{j}' + \ddot{z}'\boldsymbol{k}' \tag{5-9}$$

需要注意的是，当参考系做定轴转动时，*i'*、*j'*、*k'* 不再是常矢量，而是随着时间的变化而变化。

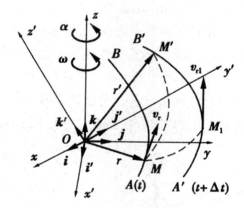

图 5-8　牵连运动为定轴转动时的加速度合成定理

在动参考系绕 *Oz* 轴转动时，其角速度为 *ω*，角加速度为 *α*。在 *t* 时刻，动点 *M* 相对于固定参考系原点 *O* 的矢径为 *r*，动参考系上与动点 *M* 重合的点的速度和加速度分别是牵连速度 v_e 和牵连加速度 $\boldsymbol{a}_e$。上述关系为

$$v_e = \boldsymbol{\omega} \times \boldsymbol{r} \tag{5-10}$$

$$\boldsymbol{a}_e = \boldsymbol{\alpha} \times \boldsymbol{r} + \boldsymbol{\omega} \times v_e \tag{5-11}$$

因为在某瞬时，动点的绝对加速度等于它的绝对速度对时间的导数，而 $v_a = v_e + v_r$，由此可得

$$\boldsymbol{a}_a = \frac{\mathrm{d}v_a}{\mathrm{d}t} = \frac{\mathrm{d}v_e}{\mathrm{d}t} + \frac{\mathrm{d}v_r}{\mathrm{d}t} \tag{5-12}$$

将式（5-10）代入式（5-12）右边的第一项，可得

$$\frac{\mathrm{d}\boldsymbol{v}_{\mathrm{e}}}{\mathrm{d}t} = \frac{\mathrm{d}(\boldsymbol{\omega} \times \boldsymbol{r})}{\mathrm{d}t} = \frac{\mathrm{d}\boldsymbol{\omega}}{\mathrm{d}t} \times \boldsymbol{r} + \boldsymbol{\omega} \times \frac{\mathrm{d}\boldsymbol{r}}{\mathrm{d}t}$$

$$= \boldsymbol{\alpha} \times \boldsymbol{r} + \boldsymbol{\omega} \times \boldsymbol{v}_{\mathrm{a}} = \boldsymbol{\alpha} \times \boldsymbol{r} + \boldsymbol{\omega} \times \left(\boldsymbol{v}_{\mathrm{e}} + \boldsymbol{v}_{\mathrm{r}} \right) \qquad (5\text{-}13)$$

$$= \boldsymbol{\alpha} \times \boldsymbol{r} + \boldsymbol{\omega} \times \boldsymbol{v}_{\mathrm{e}} + \boldsymbol{\omega} \times \boldsymbol{v}_{\mathrm{r}}$$

将（5-11）代入上式，可得

$$\frac{\mathrm{d}\boldsymbol{v}_{\mathrm{e}}}{\mathrm{d}t} = \boldsymbol{a}_{\mathrm{e}} + \boldsymbol{\omega} \times \boldsymbol{v}_{\mathrm{r}} \qquad (5\text{-}14)$$

将式（5-8）代入式（5-12）右边的第二项，可得

$$\frac{\mathrm{d}\boldsymbol{v}_{\mathrm{r}}}{\mathrm{d}t} = \frac{\mathrm{d}}{\mathrm{d}t} \left(\dot{x}'\boldsymbol{i}' + \dot{y}'\boldsymbol{j}' + \dot{z}'\boldsymbol{k}' \right) \qquad (5\text{-}15)$$

$$= \left(\ddot{x}'\boldsymbol{i}' + \ddot{y}'\boldsymbol{j}' + \ddot{z}'\boldsymbol{k}' \right) + \boldsymbol{\omega} \times \left(\dot{x}'\boldsymbol{i}' + \dot{y}'\boldsymbol{j}' + \dot{z}'\boldsymbol{k}' \right)$$

式（5-15）还可以表示为

$$\frac{\mathrm{d}\boldsymbol{v}_{\mathrm{r}}}{\mathrm{d}t} = \boldsymbol{a}_{\mathrm{r}} + \boldsymbol{\omega} \times \boldsymbol{v}_{\mathrm{r}} \qquad (5\text{-}16)$$

将式（5-14）（5-16）代入式（5-12），可得

$$\boldsymbol{a}_{\mathrm{a}} = \boldsymbol{a}_{\mathrm{e}} + \boldsymbol{a}_{\mathrm{r}} + 2\boldsymbol{\omega} \times \boldsymbol{v}_{\mathrm{r}} \qquad (5\text{-}17)$$

式（5-17）右边的第三项是由牵连运动与相对运动相互影响产生的附加加速度，称为科氏加速度，用 $\boldsymbol{a}_{\mathrm{C}}$ 表示，则

$$\boldsymbol{a}_{\mathrm{C}} = 2\boldsymbol{\omega} \times \boldsymbol{v}_{\mathrm{r}} \qquad (5\text{-}18)$$

由此可见，科氏加速度等于动点的牵连运动的角速度矢量与相对速度矢量的矢积的 2 倍。所以式（5-17）可写为

$$\boldsymbol{a}_{\mathrm{a}} = \boldsymbol{a}_{\mathrm{e}} + \boldsymbol{a}_{\mathrm{r}} + \boldsymbol{a}_{\mathrm{C}} \qquad (5\text{-}19)$$

由式（5-19）可知，当牵连运动为定轴转动时，同一瞬时动点的绝对加速度等于牵连加速度、相对加速度和科氏加速度的矢量和，这称为牵连运动为定轴转动时的加速度合成定理。

【例 5-3】如图 5-9（a）所示，凸轮以角速度 ω 绕固定轴 O 转动，推动顶杆 AB 沿铅直导槽上下运动，且 O、A、B 共线。凸轮上与点 A 接触的点为 A'，图示瞬间凸轮上 A' 的曲率半径为 ρ_A，点 A' 的法线与 OA 成 θ 角，$OA = l$。试求图示瞬时顶杆的速度及加速度。

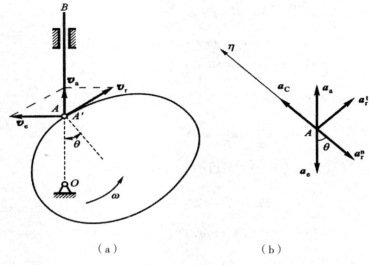

（a） （b）

图 5-9 例 5-3 图

【解】（1）选取动点和动参考系。顶杆 AB 与凸轮彼此有相对运动，当凸轮以角速度 ω 绕固定轴 O 转动时，带动顶杆 AB 沿垂直方向运动。故将顶杆 AB 上的 A 点作为动点，将动参考系固连在凸轮上，将固定参考系固连在地面上。由于动参考系（牵连运动）做定轴转动，故本题存在科氏加速度。

（2）分析三种运动与三种速度、四种加速度。

①绝对运动。顶杆 AB 沿垂直方向做平动，绝对运动的轨迹是直线。动点 A 的绝对速度 v_a 和绝对加速度 a_a 的方向均沿铅垂方向，大小均未知，即待求的顶杆速度和加速度。

②相对运动。即动点相对于动参考系的运动（也就是站在凸轮上看动点 A 的运动）。动点 A 沿凸轮轮廓做曲线运动。相对运动轨迹是曲线，动点的相对速度 v_r 的方向沿曲线上 A 点的切线方向，大小未知。相对加速度 a_r 有切向加速度和法向加速度两项，其方向如图 5-9（b）所示，大小未知。

③牵连运动。即动参考系随凸轮绕固定轴 O 的转动。A 点的牵连速度和牵连加速度是凸轮上与 A 重合的点 A' 的速度和加速度。牵连速度的方向垂直于 OA 向左，大小 $v_e = \omega l$ 已知。牵连加速度的方向指向点 O，大小 $a_e = \omega^2 l$ 已知。

（3）根据 $v_a = v_e + v_r$ 和 $a_a = a_e + a_r + a_C$ 作速度合成图和加速度合成图。

由速度合成定理 $v_a = v_e + v_r$ 作速度合成图，如图 5-9（a）所示。由几何关系，可得

$$v_a = v_e \tan\theta = \omega l \tan\theta$$
$$v_r = v_e / \cos\theta = \omega l / \cos\theta$$

由加速度合成定理 $a_a = a_e + a_r + a_C$ 作加速度合成图，如图 5-9（b）所示。由加速度合成图可知

$$a_r^n = \frac{v_r^2}{\rho_A} = \frac{\omega^2 l^2}{\rho_A \cos^2\theta}$$
$$a_C = 2\omega v_r = \frac{2\omega^2 l}{\cos\theta}$$

所以将 $a_a = a_e + a_r + a_C$ 向 η 投影，得

$$a_a \cos\theta = -a_e \cos\theta - a_r^n + a_C$$

解得 $a_a = -\omega^2 l\left(1 + \dfrac{l}{\rho_A \cos^3\theta} - \dfrac{2}{\cos^2\theta}\right)$。

思考题

1. 动参考系的速度是牵连速度吗？

2. 在一条保持匀速前进的船上，物体沿着桅杆相对于船自由落下，如果忽略空气阻力，试问该物体的绝对轨迹是一条怎样的线？

3. 在点的合成运动中，当牵连运动为平动时，为什么没有科氏加速度？

习题

1. 如图 5-10 所示，一构件的 BC 杆与地面平行，杆 DE 与 BC 垂直。滑块 A 套在杆 DE 上，杆 OA 通过滑块 A 与 DE 相连。杆 OA 长 10 cm，同时绕 O 轴以匀角速度 20 rad/s 转动。杆 BC 通过滑块 A 的作用沿水平方向做往复运动。当杆 OA 与水平面的夹角分别为 0°、30°、60° 时，杆 BC 的速度为多少？

2. 如图 5-11 所示，有两个半径均为 r 的圆轮，左边圆轮的角速度为 ω，并带动右边圆轮转动。在某瞬时，从左边圆轮上取一点 A，右边圆轮上与 O_2A 垂直的线段上取一点 B。求：

（1）该瞬时 B 点相对于 A 点的相对速度；

（2）B 点相对于左边圆轮的相对速度。

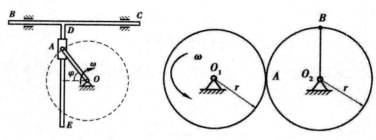

图 5-10　习题 1 图　　　　　图 5-11　习题 2 图

3. 如图 5-12 所示，在水平地面上有一半径为 r 的圆轮，该圆轮在地面上做直线滚动，轮芯速度为 v_0。在滑轮上斜靠一直杆 OA，直杆随着圆轮的滚动绕 O 点转动。当直杆 OA 与地面的夹角为 $60°$ 时，求直杆 OA 的角速度和角加速度。

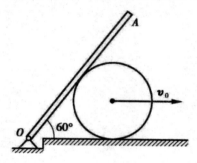

图 5-12　习题 3 图

第6章 刚体的平面运动

6.1 刚体平面运动的概述与运动分解

6.1.1 刚体平面运动的概念

在工程实际中，刚体的平面运动很常见。例如，轮子沿直线轨道滚动（图 6-1），行星齿轮中行星轮 B 的运动（图 6-2），等等。这些运动既不是定轴转动，也不是平动，但它们有共同的特点，即刚体上任一点与某固定平面的距离始终保持不变，这种运动称为刚体的平面运动。

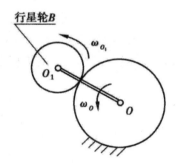

图 6-1　轮子沿直线轨道滚动　　图 6-2　行星齿轮中行星轮 B 的运动

6.1.2 刚体平面运动的简化

如图 6-3 所示，某刚体做平面运动，现在刚体上选取一点 A，然后过 A 点作与固定平面 P_0 平行的平面 P，刚体在该平面上截出平面图形 S，平面图形 S 始终在平面 P 内运动。在刚体上选取一条线段 A_1A_2，刚体上过 A 点且与平面图形 S 垂直的直线段 A_1A_2 做平动，即点 A 的运动代表了线段 A_1A_2 的运动。以此类推，平面图形 S 可以代表整个刚体的运动。因此，刚体的平面运动可以简化为平面图形 S 在其自身平面内的运动。

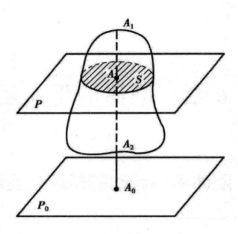

图 6-3 刚体平面运动的简化

6.1.3 刚体的平面运动方程

如图 6-4 所示，在平面 P 上建立固定坐标系 Oxy。在任一时刻，平面图形 S 在 Oxy 平面上的位置可以由 S 上任意一条线段 $O'M$ 的位置来确定。于是，只要确定了 O' 的位置以及线段 $O'M$ 与任一固定坐标轴的夹角 φ，便可以确定平面图形 S 的位置。在平面图形上选取的 O' 点称为基点。

在刚体做平面运动时，O' 的坐标与夹角 φ 随时间的变化而变化，二者都是时间的单值连续函数，即

$$\begin{cases} x'_O = x'_O(t) \\ y'_O = y'_O(t) \\ \varphi = \varphi(t) \end{cases} \qquad (6-1)$$

式（6-1）称为刚体的平面运动方程。

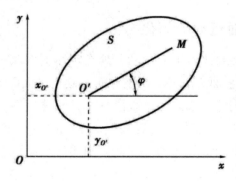

图 6-4 平面图形 S 在 Oxy 平面上的位置示意图

6.1.4　刚体平面运动的分解

如图 6-4 所示，如果图形中的 O' 点固定不动，那么平面图形 S 的运动为定轴转动；如果固定线段 $O'M$ 方位不变，那么平面图形 S 的运动为平动。由此，可以将刚体的平面运动分解为转动和平动两种简单的运动。

如图 6-5 所示，以基点 O' 点为原点，建立坐标系 $O'x'y'$。无论平面图形 S 如何运动，坐标系 $O'x'y'$ 的 x' 轴和 y' 轴的方向始终保持不变，且分别平行于坐标系 Oxy 的 x 轴和 y 轴。于是，平面图形 S 的运动可以看作是随基点平动和绕基点转动合成的。也可以说平面图形 S 的运动可以分解为随基点平动和绕基点转动两种简单的运动。

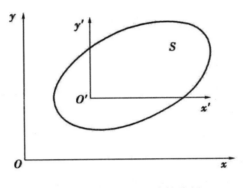

图 6-5　刚体平面运动的分解

6.2　平面图形内各点的速度计算

6.2.1　基点法

由刚体平面运动的分解可知，刚体的平面运动可以分解为转动和平动两种简单的运动。在此基础上运用速度合成定理，可以求得平面内各点的速度。

如图 6-6 所示，平面图形 S 的角速度为 ω，图形上 A 点的速度为 v_A。将 A 点作为基点，求平面图形 S 内任意一点 B 的速度。点 B 做合成运动，牵连运动是以基点 A 的速度平动，由此可得点 B 的牵连速度，即

$$v_e = v_A$$

相对运动是点 B 绕基点 A 做圆周运动，点 B 的相对速度 v_{BA} 大小为

$$v_{BA} = \omega \cdot AB$$

方向垂直于圆周的半径 AB，指向转动方向。

根据速度合成定理，可得

$$v_B = v_A + v_{BA} \tag{6-2}$$

上式表明，平面内任意一点的速度等于基点的速度与该点随图形绕基点转动的速度的矢量和，这种求平面图形内任意一点速度的方法称为基点法。

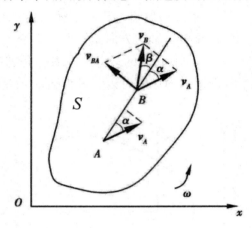

图 6-6　基点法示意图

【例 6-1】如图 6-7 所示，有一椭圆规尺，其 A 端沿水平方向向左运动，速度为 v_A。已知杆 AB 的长度为 l，当杆 AB 与水平线的夹角为 φ 时，求杆 AB 的角速度与 B 端的速度。

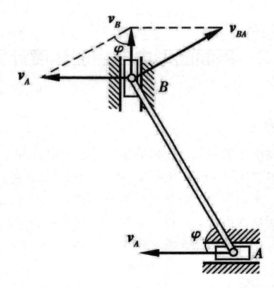

图 6-7　例 6-1 图

【解】杆 AB 做水平运动，杆 AB 以及 A、B 两端运动方向如图 6-7 所示，已知 A 端的速度为 v_A，根据公式 $v_B=v_A+v_{BA}$，作出速度平行四边形。由图 6-7 的几何关系可得

$$v_B = \frac{v_A}{\tan\varphi}$$

$$v_{BA} = \frac{v_A}{\sin\varphi}$$

$$v_{BA} = l\omega_{AB}$$

则杆 AB 的角速度为

$$\omega_{AB} = \frac{v_{BA}}{l} = \frac{v_A}{l\sin\varphi}$$

6.2.2　速度投影法

由公式（6-2）可知，平面图形上任意两点速度的关系为

$$v_B=v_A+v_{BA}$$

根据矢量投影定理，将上述三个矢量向 AB 连线投影，如图 6-6 所示。由于 v_{BA} 垂直于 AB 连线，故 v_{BA} 在连线 AB 上的投影为零。同时 A、B 两点的距离恒定不变，说明 A、B 两点沿连线 AB 的分速度相等，故 v_A、v_B 在连线 AB 上的投影相等。由此可得

$$[v_A]_{AB}=[v_B]_{AB} \qquad\qquad （6\text{-}3）$$

式（6-3）称为速度投影定理，即平面图形内任意两点的速度在这两点连线上的投影相等。运用该定理求平面图形内任意一点速度的方法称为速度投影法。

当已知平面图形内任意一点速度的大小和方向以及另一点速度的方向时，使用速度投影法求另一点速度的大小更为便捷，但使用速度投影法无法求平面图形的角速度。

【例 6-2】以例 6-1 中的模型为例，试用速度投影法求点 B 的速度。

【解】已知条件见图 6-7，由速度投影定理可得

$$v_B\cos\left(90° - \varphi\right) = v_A\cos\varphi$$

故

$$v_B = \frac{v_A}{\tan\varphi}$$

6.2.3 速度瞬心法

1.定理

在某瞬时，平面图形上或其延伸部分，速度为零的点称为瞬时速度中心，简称速度瞬心。

定理：通常情况下，在某瞬时，平面图形上或其延伸部分，都存在唯一速度为零的点。

证明：如图6-8所示，在平面图形 S 上有一点 A，其速度为 v_A。将 A 点作为基点，另取任意一点 M，点 M 的速度为

$$v_M = v_A + v_{MA}$$

如果点 M 在 v_A 的垂线 AN 上，由图6-8可知，v_A 和 v_{MA} 在同一直线上，方向相反，由此可得 v_{MA} 的大小，即

$$v_M = v_A - \omega \cdot AM \qquad (6-4)$$

由图6-8可知，点 M 在 AN 线上的位置不同，AM 的大小便不同，v_M 的大小也会随之发生变化。由式（6-4）可知，总可以在线段 AN 上找到一点 C，该点的瞬时速度为零。点 C 的位置可以根据式（6-4）求得，即

$$v_C = v_A - \omega \cdot AC = 0$$

$$AC = \frac{v_A}{\omega}$$

于是定理得到证明。

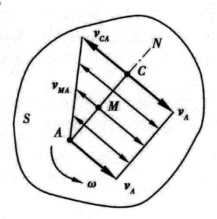

图6-8 定理证明示意图

需要注意的是，速度瞬心是随着时间变化而变化的，在不同时刻，平面图形

具有不同的速度瞬心。

2.平面图形内各点的速度及其分布

在平面图形内将速度瞬心 C 点作为基点，如图 6-9（a）所示。平面图形中 A、B、D 点的速度可表示为

$$v_A = v_C + v_{AC} = v_{AC}$$
$$v_B = v_C + v_{BC} = v_{BC}$$
$$v_D = v_C + v_{DC} = v_{DC}$$

由此可知，平面图形内任一点的速度等于该点随图形绕瞬时速度中心（速度瞬心）转动的速度。

由于平面图形绕任意点转动的角速度都相等，所以平面图形绕速度瞬心 C 转动的角速度等于图形绕任一基点转动的角速度。若用 ω 表示这个角速度，则有

$$v_A = v_{AC} = \omega \cdot AC$$
$$v_B = v_{BC} = \omega \cdot BC$$
$$v_D = v_{DC} = \omega \cdot DC$$

由此可见，平面图形内各点速度的大小与该点到速度瞬心的距离成正比。速度的方向垂直于该点到速度瞬心的连线，指向图形转动的一方，如图 6-9（a）所示。

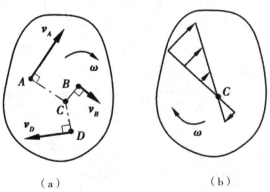

（a）　　　　　　　　　　（b）

图 6-9　速度瞬心法示意图

平面图形内各点速度在某瞬时的分布情况，与图形绕定轴转动时各点速度的分布情况类似，如图 6-9（b）所示。因此，平面图形的运动可以看作是绕速度瞬心的瞬时转动。

由上述论述可知，当求出平面图形在某瞬时的速度瞬心位置和角速度时，便可以确定该瞬时图形内各点的速度。运用该方法求平面图形内任意一点速度的方法称为速度瞬心法。

在使用速度瞬心法时，需要先确定速度瞬心的位置，目前常用的方法有如下四种。

（1）如图 6-10 所示，一平面图形沿平面做无滑动滚动，图形与平面的接触点为 C，由于 C 点相对于平面的速度为零，所以 C 点就是图形的速度瞬心。平面图形在转动的过程中，C 点的位置在不断变化，但无论怎样变化，图形与平面接触的点便是图形在该时刻的速度瞬心。

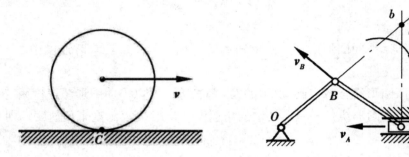

图 6-10　速度瞬心位置的确定（1）　　图 6-11　速度瞬心位置的确定（2）

（2）如图 6-11 所示，已知平面图形上 A、B 两点的速度方向。因为速度瞬心的位置在任意一点速度的垂线上，所以分别沿 A、B 两点速度的方向作垂线，其交点 C 便是平面图形的速度瞬心。

（3）当平面图形内 A、B 两点的速度相互平行（方向可以相同，也可以相反），且速度方向垂直于两点的连线，则平面图形的速度瞬心 C 在 A、B 两点连线和 v_A、v_B 终点连线的交点上，如图 6-12 所示。图 6-12（a）是 A、B 两点速度方向相同的情况，图 6-12（b）是 A、B 两点速度方向相反的情况。

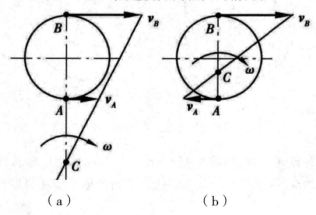

（a）　　　　　　　　（b）

图 6-12　速度瞬心位置的确定（3）

（4）如图 6-13 所示，在某瞬时，平面图形内 A、B 两点的速度相等，在这种情况下，平面图形的速度瞬心在无限远处。这种情况也称为瞬时平动。

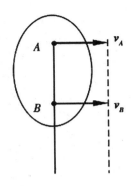

图 6-13　速度瞬心位置的确定（4）

【例 6-3】如图 6-14 所示，A 点的速度为 v_A，求 B 点的速度。

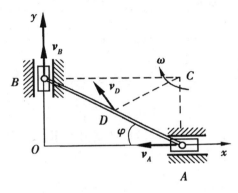

图 6-14　例 6-3 图

【解】（1）已知 A、B 两点的速度方向，作两点速度的垂线，相交于 C 点，如图 6-14 所示，C 点即为平面图形的速度瞬心。由此可得平面图形的角速度，即

$$\omega = \frac{v_A}{AC}$$

则 B 点的速度为

$$v_B = BC \cdot \omega = \frac{BC}{AC} v_A = \frac{v_A}{\tan\varphi}$$

6.3　平面图形内各点的加速度计算

有如图 6-15 所示的平面图形 S，假设某瞬时，图形的角速度和角加速度分别为 ω 和 α，图形上某点 O' 的加速度为 $a_{O'}$。根据牵连运动为平动时点的加速度合

成定理，可以确定平面上任意一点 M 的加速度 $\boldsymbol{a}_M$。

取与地面固连的平面坐标系 Oxy，以基点 O' 为原点建立动坐标系 $O'x'y'$，该动坐标系随基点平动，如图 6-15 所示。

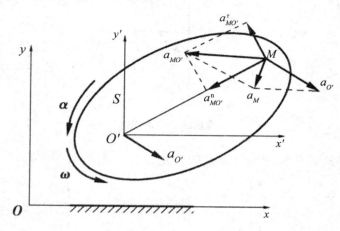

图 6-15　平面图形内各点的加速度计算示意图

点 M 的牵连加速度 $\boldsymbol{a}_e$ 等于基点的加速度 $\boldsymbol{a}_{O'}$。点 M 的相对加速度 $\boldsymbol{a}_r$ 等于点 M 相对基点的加速度 $\boldsymbol{a}_{MO'}$，它又可以分解为沿相对轨迹切线和法线方向的两个分量，即

$$\boldsymbol{a}_r = \boldsymbol{a}_{MO'} = \boldsymbol{a}_{MO'}^n + \boldsymbol{a}_{MO'}^t \qquad (6-5)$$

在式（6-5）中，$\boldsymbol{a}_{MO'}^n$ 为点 M 相对基点 O' 的法向加速度，其大小为 $\boldsymbol{a}_{MO'}^n = \omega^2 \cdot O'M$，其方向由 M 指向 O'；$\boldsymbol{a}_{MO'}^t$ 为点 M 相对基点 O' 的切向加速度，其大小为 $\boldsymbol{a}_{MO'}^t = |\alpha| \cdot O'M$，其方位与 $O'M$ 垂直，指向与平面图形的角加速度 α 的转向对应一致。

根据牵连运动为平动时点的加速度合成定理，可得

$$\boldsymbol{a}_M = \boldsymbol{a}_{O'} + \boldsymbol{a}_{MO'}^n + \boldsymbol{a}_{MO'}^t \qquad (6-6)$$

根据式（6-6）求平面图形内任意一点加速度的方法，称为基点法。即平面图形内任一点的加速度等于基点的加速度与该点随图形绕基点转动的切向加速度和法向加速度的矢量和。

式（6-6）为矢量式，在工程实际中，通常向两个正交的坐标轴投影，列出两个投影方程，求得两个未知量。

【例 6-4】有一如图 6-16 所示的构件，齿轮Ⅱ固定，齿轮Ⅰ绕齿轮Ⅱ滚动（只滚不滑），齿轮Ⅰ的半径为 r。已知杆 OO_1 绕 O_1 匀速转动，角速度为 ω_1，杆 OO_1

的长度为 l。在齿轮 I 上取 A、B 两点，A 点在 O_1O 的延长线上，B 点在垂直于 OO_1 的半径上。求 A、B 两点的加速度。

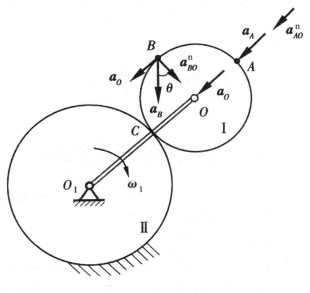

图 6-16　例 6-4 图

【解】齿轮 I 做平面运动，其轮心的速度和加速度分别为

$$v_O = l\omega_1$$
$$a_O = l\omega_1^2$$

将 O 点作为基点，则齿轮 I 的速度瞬心在两个齿轮的接触点 C。假设齿轮的角速度为 ω，则

$$\omega = \frac{v_O}{r} = \frac{l}{r}\omega_1$$

由于 ω_1 不变，所以 ω 也是常量，即齿轮 I 的角加速度为零。

A、B 两点相对于基点的法向加速度分别沿半径 OA 和 OB，指向 O 点，大小相等，且大小为

$$a_{AO}^n = a_{BO}^n = r\omega^2 = \frac{l^2}{r}\omega_1^2$$

由式（6-6）可知，A 点的绝对加速度大小为

$$a_A = a_O + a_{AO}^n = l\omega_1^2 + \frac{l^2}{r}\omega_1^2$$

其方向沿 OA 指向 O 点。

B 点的加速度大小为

$$a_B = \sqrt{a_O^2 + \left(a_{BO}^n\right)^2} = l\omega_1^2 \sqrt{1 + \left(\frac{l}{r}\right)^2}$$

其方向与半径 OB 的夹角为

$$\theta = \arctan\frac{a_O}{a_{BO}^n} = \arctan\frac{l\omega_1^2}{\frac{l^2}{r}\omega_1^2} = \arctan\frac{r}{l}$$

6.4　运动学综合应用举例

在工程实际中，存在很多复杂的机构运动，这些复杂的机构运动可能同时涉及点的合成运动和平面运动，此时应综合应用有关理论。下面通过例子简要说明点的合成运动和平面运动的综合应用。

【例 6-5】有一如图 6-17 所示的平面机构，杆 BD 与杆 BE 分别和套筒 B 铰接，套筒 B 可以沿杆 OA 滑动，杆 BD 可以沿水平导轨运动。已知杆 BE 的长度为 $\sqrt{2}\,l$。现滑块 E 以速度 v 沿导轨匀速向上运动，当杆 OA 垂直于水平面，且与杆 BE 夹角为 $45°$ 时，求该瞬时杆 OA 的角速度和角加速度。

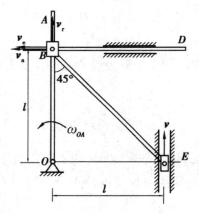

图 6-17　例 6-5 图（1）

【解】杆 BE 做平面运动时，带动套筒 B 运动，同时带动杆 OA 转动，所以可先求出套筒 B 的速度和加速度。

（1）求套筒 B 的速度和加速度。E 点和 B 点速度的方向分别为垂直于水平面向上和平行于水平面向左，如图 6-18（a）所示，由此可知，该瞬时杆 BE 的速度瞬心为 O 点，所以有

$$\omega_{BE} = \frac{v}{OE} = \frac{v}{l}$$

$$v_B = \omega_{BE} \cdot OB = v$$

将 E 点作为基点，B 点的加速度大小为

$$\boldsymbol{a}_B = \boldsymbol{a}_E + \boldsymbol{a}_{BE}^{\mathrm{t}} + \boldsymbol{a}_{BE}^{\mathrm{n}}$$

由于滑块 E 做匀速运动，所以 $a_E=0$，a_{BE}^{n} 的大小为

$$a_{BE}^{\mathrm{n}} = \omega_{BE}^2 \cdot BE = \frac{\sqrt{2}v^2}{l}$$

将 $\boldsymbol{a}_B$ 沿 BE 方向投影，得 $a_{BE}^{\mathrm{n}} = a_B \cos 45°$，进而求得

$$a_B = \frac{a_{BE}^{\mathrm{n}}}{\cos 45°} = \frac{2v^2}{l}$$

（2）求杆 OA 的角速度和角加速度。已知条件如图 6-18（b）所示。

上面已经求出了套筒 B 的速度和加速度，现以套筒 B 为动点，运用速度合成定理，有

$$\boldsymbol{v}_{\mathrm{a}} = \boldsymbol{v}_{\mathrm{e}} + \boldsymbol{v}_{\mathrm{r}}$$

又有 $v_{\mathrm{a}} = v_B$，牵连速度 $\boldsymbol{v}_{\mathrm{e}}$ 的方向垂直于 OA，且与 $\boldsymbol{v}_{\mathrm{a}}$ 的方向相同，相对速度 $\boldsymbol{v}_{\mathrm{r}}$ 垂直于 $\boldsymbol{v}_{\mathrm{a}}$，因此可得

$$v_{\mathrm{a}} = v_{\mathrm{e}}$$

$$v_{\mathrm{r}} = 0$$

$$v_{\mathrm{e}} = v_B = v$$

由此可求得杆 OA 的角速度，即

$$\omega_{OA} = \frac{v_{\mathrm{e}}}{OB} = \frac{v}{l}$$

应用加速度合成定理，可知

$$\boldsymbol{a}_{\mathrm{a}} = \boldsymbol{a}_{\mathrm{e}} + \boldsymbol{a}_{\mathrm{r}} + \boldsymbol{a}_{\mathrm{C}}$$

套筒 B 的绝对加速度 $\boldsymbol{a}_{\mathrm{a}} = \boldsymbol{a}_B$。

套筒 B 的牵连法向加速度的大小为 $a_{\mathrm{e}}^{\mathrm{n}} = \omega_{OA}^2 \cdot OB = \frac{v^2}{l}$，其牵连切向加速度沿 BD 杆向右。

套筒 B 的相对运动为沿 OA 的直线运动，此瞬时 $v_{\mathrm{a}}=0$，科氏加速度 $a_{\mathrm{C}}=0$。

将矢量投影到 BD 线上，可得

$$a_a = a_e^t$$

由此可得套筒 B 的牵连切向加速度大小为

$$a_e^t = a_B = \frac{2v^2}{l}$$

故杆 OA 的角加速度大小为 $\alpha_{OA} = \dfrac{a_e^t}{OB} = \dfrac{2v^2}{l^2}$，方向为顺时针方向。

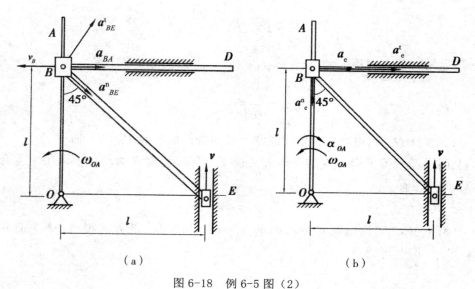

（a）　　　　　　　　　　　（b）

图 6-18　例 6-5 图（2）

思考题

1. 刚体在做瞬时平动时，在该瞬时，刚体的角速度和角加速度是否为零？

2. 什么是刚体的平面运动，定轴转动属于平面运动吗？刚体的平动是否为刚体平面运动的特例？

3. 平面图形在其平面内做平面运动时，平面上任意两点的速度之间有什么关系？

4. 做平面运动的刚体绕定轴转动和绕速度瞬心转动有什么不同？

习题

1. 如图 6-19 所示，一圆柱 A 被固定在天花板上的细绳缠绕，圆柱处于静止

状态。现使圆柱自由落下，在某时刻，圆柱轴心的速度为 $\frac{2}{3}\sqrt{3gh}$，轴心到其原始

位置的距离为 h。求圆柱的平面运动方程。

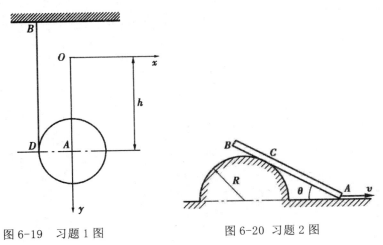

图 6-19　习题 1 图

图 6-20　习题 2 图

2. 如图 6-20 所示，在水平面上放置一半圆柱，半圆柱上有横杆 AB。已知半圆柱的半径为 R，横杆的 A 端沿水平面向右以速度 v 做匀速运动。在横杆的运动过程中，横杆始终与半圆柱相切。当横杆与水平面的夹角为 θ 时，求横杆的角速度（用 θ 表示）。

3. 如图 6-21 所示，一横杆 OA 绕 O 点做定轴转动，角速度 $\omega = 2$ rad/s。一半径为 r 的轮子在半径为 R 的圆弧槽内通过杆 AB 的带动随杆 OA 的转动而滚动（无滑动）。已知 $R = AB = OA = 2r = 1$ m。当 OA 与 AB 垂直时，求该瞬时点 B 和点 C 的速度与加速度。

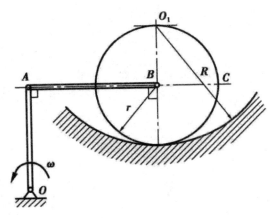

图 6-21　习题 3 图

材料力学篇

　　静力学主要研究刚体在载荷作用下的平衡规律，通过力系的平衡条件、平衡方程，求得约束力等未知因素。材料力学则是在此基础上研究构件的承载能力，从而为设计既安全又经济的构件提供必要的理论基础和计算方法。在工程中，正常工作状态下的任何机械、结构部件等，组成它们的每个构件都要受到从相邻件或其他构件传来的外力——载荷的作用，为了使构件正常工作，所有构件都需要有足够的承载能力，即要有足够的强度、刚度和稳定性。

第7章 材料力学的基本概念

7.1 材料力学的任务

在工程实际中，工程结构中的构件需要有足够的承载能力，评定构件承载能力的指标主要有如下三个。

（1）刚度：在外力的作用下，构件具有的足够抵抗变形的能力。

（2）强度：在外力的作用下，构件具有的足够抵抗破坏力的能力。

（3）稳定性：在外力的作用下，构件具有的足够保持原有平衡状态的能力。

如果构件的刚度不够，在外力的作用下，构件发生较大的形变，便容易导致构件无法正常工作；如果构件的强度不够，在外力的作用下，构件便可能会断裂，引发事故；如果构件的稳定性不足，在外力的作用下，构件便容易失去原有的平衡状态，从而导致事故的发生。

基于上述认知，材料力学的任务便是研究构件的刚度、强度和稳定性，在保证构件安全性的基础上，选择合适的材料，确定合理的尺寸和截面形状，同时尽可能地节省材料，从而达到既安全又经济的目的。

7.2 变形固体的基本假设

在外力的作用下会发生变形的固体，称为变形固体。变形固体有多种属性，为了方便研究，通常省略次要属性，仅研究主要属性。因此，在材料力学中，通常对变形固体做如下几种假设。

（1）均匀性假设。假设变形固体内各处的力学性能完全相同。以工程力学中使用频率较高的金属材料来说，其各个晶粒的力学性能并不完全相同，但由于金属构件中的晶粒很多且随机排列，为了方便研究，通常认为金属材料的力学性能是均匀的。基于这一假设，变形固体任何部分的力学性能都可以代表整个固体的力学性能。

（2）连续性假设。从微观结构的角度看，组成变形固体的粒子之间存在空隙，但和粒子组成的固体相比，这些空隙小到可以忽略不计，所以假设变形固体在其整个体积内是连续的。因此，变形固体的某些力学量可以用坐标的连续函数去表示。

（3）各向同性假设。假设变形固体沿任何方向，其力学性能都是完全相同的。金属是常见的各向同性材料。就金属材料的单一晶粒而言，其方向各异，力学性能也不完全相同，但金属构件中通常包含大量的晶粒，且各晶粒的排列是无规则的，从统计学的角度看，金属材料沿各方向的力学性能是相近的，所以可以进行各向同性假设。一些各向异性材料，如毛竹、木材等，由于其各向性能差异较大，所以不能进行各向同性假设。

（4）小变形假设。如果固体发生的变形相较于固体本身的尺寸小很多，这种变形称为小变形。在工程实际中，多数构件发生的变形都是小变形，所以在研究物体的平衡问题时，为了简化计算，可以将这些小变形忽略。需要注意的是，当研究物体的变形规律时，小变形是不能忽略的。

7.3　外力及其分类

在材料力学中，对于所研究的对象而言，其他物体作用于研究对象上的力都属于外力，包括载荷与约束力。

根据外力的作用方式，可以分为表面力和体积力。表面力是指作用在研究对象表面的外力，如两构件间的接触压力；体积力是指作用在研究对象内部各质点上的外力，如构件的惯性力、重力。

根据表面力在研究对象表面的分布情况，又可分为分布力和集中力。分布力是指连续分布在研究对象表面某一范围内的力；如果和研究对象的表面积相比，分布力的作用面积非常小，那么可以将分布力简化为作用于研究对象某一点的力，该力称为集中力。

根据载荷随时间的变化情况，可以分为静载荷和动载荷。静载荷是指随着时间不变化或变化极其缓慢的载荷；动载荷是指随时间发生显著变化的载荷。在静载荷和动载荷的作用下，构件的力学表现不同，分析方法也存在一定的差异。

7.4 内力、截面法和应力

7.4.1 内力

物体因受外力而变形，其内部各部分之间因相对位置改变而引起的相互作用力就是内力。通常情况下，即便没有外力作用，物体内部各质点之间同样存在着相互作用力。在材料力学中，内力通常指物体内部各部分之间因外力作用而引起的附加相互作用力，所以也称"附加内力"。由于它是在外力的作用下产生的，所以这样的内力会随外力的变化而变化。通常情况下，这种变化与外力呈正相关，当外力达到某一限度时，构件便会被破坏。

7.4.2 截面法

截面法是研究杆件内力时常用的一种方法。在研究杆件的内力时，可通过假想的方式，用一平面将杆件在所求内力的截面处截开，即将杆件分为两部分进行研究，如图7-1（a）所示。此时，杆件的内力被显现出来，变成了研究对象的外力，如图7-1（b）所示，然后根据平衡条件求出内力。上述求杆件内力的方法称为截面法。

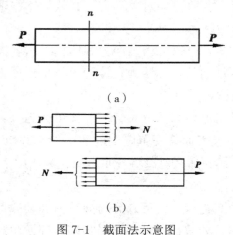

（a）

（b）

图 7-1 截面法示意图

7.4.3 应力

现有两个由相同材料制成的杆件，其横截面面积不同。在相同轴向拉力的作用下，杆内的轴力相同。但随着拉力的增大，横截面面积小的杆件会先被拉断。

由此可见，杆件的强度不仅与内力的大小有关，还与杆件横截面面积的大小有关，即与内力在横截面上分布的密集程度（简称集度）有关。为此，引入应力的概念。内力在某一点处的分布集度，称为应力。

如图 7-2（a）所示的构件，受任意力作用，m–m 为任意截面。在截面 m–m 上任一点 O 的周围取一微小面积 ΔA，设在 ΔA 上分布内力的合力为 ΔF，则 ΔF 与 ΔA 的比值称为 ΔA 上的平均应力，用 p_m 表示，即

$$p_m = \frac{\Delta F}{\Delta A}$$

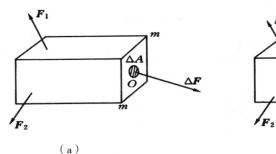

（a）

（b）

图 7-2　内力和应力

一般情况下，内力在截面上的分布并非均匀，ΔF 及平均应力 p_m 均随 ΔA 的大小而变化。为了确切地描述 O 点处内力的分布集度，应使 ΔA 缩小并趋近于零，平均应力 p_m 的极限值称为 m–m 截面上 O 点处的全应力，并用 p 表示，即

$$p = \lim_{\Delta A \to 0} \frac{\Delta F}{\Delta A} = \frac{\mathrm{d}F}{\mathrm{d}A}$$

全应力 p 相当于矢量，使用中常将其分解成垂直于截面的分量 σ 和与截面相切的分量 τ。σ 称为正应力，τ 称为切应力，如图 7-2（b）所示。

在国际单位制中，应力的单位为 Pa，$1 \text{ Pa} = 1 \text{ N/m}^2$。在工程实际中，这一单位太小，常用 MPa 和 GPa，换算关系为 $1 \text{ MPa} = 10^6 \text{ Pa}$，$1 \text{ GPa} = 10^9 \text{ Pa}$。

7.5　变形与应变

在外力的作用下，杆件的尺寸和几何形状一般都会发生变化，这种变化称为变形。杆件变形的大小通常用位移和应变这两个量来度量。

位移指位置改变量的大小，有线位移和角位移之分；应变指杆件变形程度的大小，有线应变和角（切）应变之分。

如图 7-3（a）所示，有一正六面体，在外力的作用下发生了变形，其棱边长度的改变量为 Δu，如图 7-3（b）所示，Δu 称为该棱边的线变形，Δu 与 Δx 的比值 ε 称为线应变。

$$\varepsilon = \frac{\Delta u}{\Delta x}$$

当六面体各边无限缩小时，便可以将其看作是单元体，单元体相互垂直的棱边夹角的改变量为 γ，如图 7-2（c）所示，γ 称为切应变或角应变。夹角减小时，切应变为正值，反之为负值。

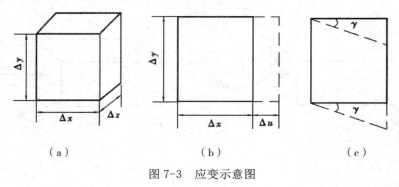

（a） （b） （c）

图 7-3 应变示意图

7.6 杆件变形的基本形式

在外力的作用下，杆件可发生各种形式的变形。如果对这些变形的形式进行归纳，大致可归结为轴向压缩或拉伸、扭转、剪切和弯曲四种基本形式。

7.6.1 轴向压缩或拉伸

杆件在受到一对大小相等、方向相反、作用线与杆件轴线重合的外力作用时，杆件发生的变形为沿着轴线方向缩短或伸长，这种变形形式称为轴向压缩或拉伸，如图 7-4 所示。

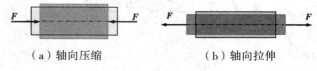

（a）轴向压缩 　　　　（b）轴向拉伸

图 7-4 轴向压缩或拉伸

7.6.2　扭转

杆件在受到一对大小相等、方向相反、作用面垂直于轴线的力偶作用时，杆件的变形为任意两个横截面发生绕轴线的相对转动，这种变形称为扭转，如图7-5 所示。

7.6.3　剪切

杆件受到一对大小相等、方向相反、作用线相互平行且相距很近的外力作用时，杆件的变形为杆件的两部分沿外力作用方向发生相对错动，这种变形称为剪切，如图 7-6 所示。

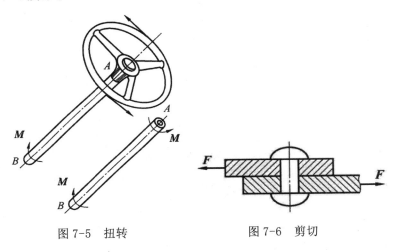

图 7-5　扭转　　　　　　　图 7-6　剪切

7.6.4　弯曲

杆件受到垂直于轴线的横向力或包含轴线的纵向平面内的力偶作用时，杆件的变形为轴线由直变得弯曲，这种变形称为弯曲，如图 7-7 所示。

图 7-7　弯曲

思考题

1. 材料的刚度、强度和稳定性是什么？
2. 材料力学的基本任务是什么？
3. 在材料力学中，有哪些针对变形固体的假设？
4. 用截面法求内力的步骤是什么？
5. 杆件变形有哪几种基本形式？

习题

1. 如图 7-8 所示，构件的 A、B、C 点都是固定的，现在杆 AB 上施加大小为 3 kN 的力，请问杆 AB 和杆 BC 发生的变形属于哪种基本类型？

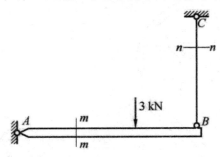

图 7-8 习题 1 图

2. 如图 7-9 所示（单位：mm），有一长方形薄板，在外力的作用下，薄板发生变形。变形后，A 点沿垂直水平面的方向下移了 0.025 mm，但 AB 边仍旧和 CD 边保持平行。试求 AB 边的平均应变和 AB、CD 两边夹角的变化。

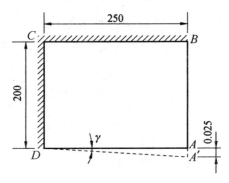

图 7-9 习题 2 图

第 8 章 拉伸、压缩与剪切

8.1 轴向拉伸与压缩的概念

在工程实际中，杆件在外力作用下会产生拉伸或压缩变形，这是两种很常见的变形形式。例如，千斤顶的螺杆在承受物体的重力时，便会发生压缩变形。通常情况下，轴向拉伸或压缩的杆件大多为等直杆。当杆件的两端受到一对沿着杆件轴线，且大小相等、方向相反的外力作用时，杆件便会发生轴向拉伸或压缩变形。如果外力是压力，产生的是压缩变形，杆件的径向尺寸会增大，轴向尺寸会缩小；如果外力是拉力，产生的则是拉伸变形，杆件的径向尺寸会缩小，轴向尺寸会增大。

8.2 轴向拉伸与压缩时的内力

在轴向拉伸与压缩中，由于外力的作用线与杆件的轴线重合，所以内力的作用线也与杆件的轴线重合，该内力称为轴向内力，简称轴力。在发生轴向压缩时，轴力的指向向着截面；在发生轴向拉伸时，轴力的指向背离截面。通常情况下，拉伸时的轴力规定为正，压缩时的轴力规定为负。在进行计算时，可先假定轴力为拉力，然后依据平衡条件求出轴力的正负，以此来确定该截面所受的力是拉力还是压力。

如果杆件受到多个轴向外力的作用，杆件不同截面上的轴力也会不同。这种情况下，为了直观地表明杆件轴力随截面位置的改变而变化的情况，可用轴力图来表示。轴力图是指按规定的尺寸，用平行于杆件轴线的坐标表示横截面的位置，用垂直于杆件轴线的坐标表示相应横截面上的轴力，绘制出表示轴力与横截面位置关系的图线。

在绘制轴力图时，有如下两点需要注意。

（1）轴力图的位置需要和杆件的位置相对应。

（2）通常情况下，正值（拉力）的轴力图在坐标的正向，负值（压力）的轴力图在坐标的负向。

8.3 轴向拉伸与压缩时的应力

8.3.1 拉（压）杆横截面上的应力

由试验可知，在材料相同但粗细不同的两杆件上施加相同的轴向外力时，随着轴向外力的增大，细的杆件会先被破坏。由此可见，虽然两杆件上的内力相同，但由于横截面积不同，所以杆件横截面上内力的分布也不同。要了解杆件横截面上的内力分布，首先需要研究杆件的变形。

为了方便分析杆件的变形，可于施力前在等直杆的表面画上垂直于杆轴线的横线 AB 和 CD，如图 8-1（a）所示。在杆件上施加轴向拉力 F 后，横线 AB 和 CD 的位置也随之发生变化，平移到 A′B′ 和 C′D′，它们也垂直于杆件的轴线。做如下假设：横截面在杆件发生变形前为平面的，在杆件发生变形后仍保持为平面，这个假设称为平面假设。由这一假设可以推断：杆件所有纵向纤维的伸长都相等。因为材料是均匀的，所以内力在横截面上的分布也是均匀的，且垂直于横截面，即在横截面上只有法向应力（正应力 σ），且它是均匀分布的，如图 8-1(b) 所示。

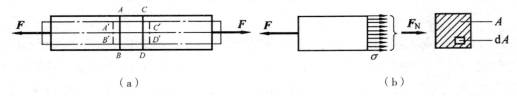

（a）	（b）

图 8-1　横截面上的应力

因为轴力 F_N 是横截面上分布内力系的合力，且横截面上各点处正应力大小均相等，故有

$$F_N = \int_A \sigma \mathrm{d}A = \sigma \int_A \mathrm{d}A = \sigma A$$

于是，拉杆横截面上的正应力为

$$\sigma = \frac{F_N}{A} \tag{8-1}$$

式（8-1）为拉杆横截面上正应力大小的计算公式，它也适用于压杆。关于正应力的符号，通常情况下，规定拉应力为正，压应力为负。

8.3.2　拉（压）杆斜截面上的应力

试验表明，拉（压）杆的破坏并不是只发生在横截面，有时也发生在斜截面，所以还需要对拉（压）杆斜截面上的应力做进一步分析。

如图 8-2（a）所示，假设有一与横截面成 α 角的斜截面将杆件分为两部分，以左段为研究对象，用 $\boldsymbol{F}_{N\alpha}$ 表示右段对左段的内力作用，因为 $\boldsymbol{F}_{N\alpha}$ 在斜截面上的分布是均匀的，所以斜截面上的应力也是均匀分布的，如图 8-2（b）所示。应力表示式为

$$p_{\alpha} = \frac{F_{N\alpha}}{A_{\alpha}} \qquad (8-2)$$

式中，A_{α} 为斜截面的面积，它与横截面面积的关系为

$$A_{\alpha} = \frac{A}{\cos\alpha} \qquad (8-3)$$

将式（8-3）代入式（8-2）中，并使 $F_{N\alpha} = F_N$，可得

$$p_{\alpha} = \frac{F_N}{A}\cos\alpha = \sigma\cos\alpha \qquad (8-4)$$

式中，σ 为斜截面 K 点的正应力。将 $\boldsymbol{p}_{\alpha}$ 分解为垂直于斜截面的正应力 $\boldsymbol{\sigma}_{\alpha}$ 与切于斜截面的切应力 $\boldsymbol{\tau}_{\alpha}$，如图 8-2（c）所示。

依据式（8-4）可得 $\boldsymbol{\sigma}_{\alpha}$ 与 $\boldsymbol{\tau}_{\alpha}$ 的计算表达式，即

$$\left.\begin{array}{l} \sigma_{\alpha} = p_{\alpha}\cos\alpha = \sigma\cos^2\alpha \\ \tau_{\alpha} = p_{\alpha}\sin\alpha = \dfrac{\sigma}{2}\sin2\alpha \end{array}\right\} \qquad (8-5)$$

式（8-5）也同样适用于压杆。

由式（8-5）可知：

（1）如果知道横截面上的正应力及其与斜截面的夹角，便可以求出斜截面上的正应力和切应力。

（2）斜截面上的正应力和切应力都是夹角 α 的函数，这说明过杆件同一点的不同斜面上的应力是不同的。

（3）当 $\alpha = 0°$ 时，$\sigma_{0°} = \sigma_{\max} = \sigma$，$\tau_{0°} = 0$；

当 $\alpha = 45°$ 时，$\sigma_{45°} = \dfrac{\sigma}{2}$，$\tau_{45°} = \tau_{\max} = \dfrac{\sigma}{2}$；

当 $\alpha = 90°$ 时，$\sigma_{90°} = 0$，$\tau_{90°} = 0$。

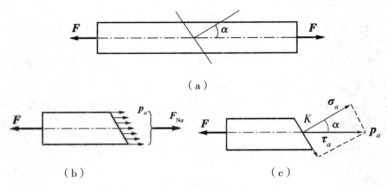

图 8-2　斜截面上的应力

8.4　材料拉伸与压缩时的力学性能

材料的力学性能是指材料在外力的作用下所表现出来的变形和破坏的特征。材料的力学性能是选择材料和计算材料强度与刚度的重要依据。本节主要介绍常温静载试验条件下材料的力学性能。

8.4.1　材料拉伸时的力学性能

1. 低碳钢拉伸时的力学性能

低碳钢是指碳含量低于 0.25% 的碳素钢，其在工程中的应用比较普遍，同时，低碳钢在试验中表现的力学性能也比较典型和全面。

试验时，将试样装在试验机上，随着拉力 F 的变化，针对不同的拉力 F，试样在标距 l 内有伸长量 Δl，F 与 Δl 之间的关系用如图 8-3 所示的曲线表示，该曲线称为 F-Δl 曲线或拉伸图。

F-Δl 曲线与试样的尺寸有关，但将拉力 F 除以试样横截面的原始面积，将伸长量 Δl 除以标距 l，这样得到的曲线与试样的尺寸无关，代表了材料的力学性能，称为 σ-ε 曲线或应力 – 应变图，如图 8-4 所示。

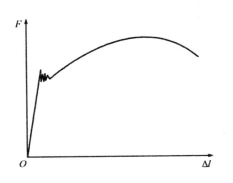

图 8-3　低碳钢拉伸时的 F-Δl 曲线

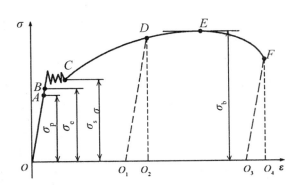

图 8-4　低碳钢拉伸时的 σ-ε 曲线

如图 8-4 所示，低碳钢的拉伸大致可分为以下四个阶段。

（1）弹性阶段。OB 阶段是材料的弹性变形阶段，在该阶段，当撤去作用力后，材料会恢复到原来的长度，在 B 点对应的应力称为弹性极限 σ_e。在 OA 阶段，应力与应变成线性正比关系，A 点对应的应力称为比例极限 σ_p，表示应力与应变成正比的最大极限。当 $\sigma \leqslant \sigma_p$ 时，应力与应变之间的关系为

$$\sigma = E\varepsilon \qquad （8-6）$$

式（8-6）称为拉伸或压缩时的胡克定律。式中，E 为弹性模量。

（2）屈服阶段。在经过弹性阶段后（超过 B 点后），应力基本保持不变，材料产生了显著的塑性变形，直到 C 点，这种现象称为屈服。在该阶段，最大应力和最小应力称为上屈服极限和下屈服极限。因为下屈服极限相对比较稳定，能够反映材料的性能，而上屈服极限不稳定，所以一般将下屈服极限称为屈服极限 σ_s，这是衡量材料强度的重要指标。

（3）强化阶段。在经过屈服阶段后（超过 C 点后），材料恢复了对变形的抵抗能力，要想使材料继续变形，需要增强外力，这种现象称为材料的强化。图 8-4 中的 CE 阶段便是强化阶段。该阶段最高点 E 点所对应的应力 σ_b 是材料能够承受的最大应力，称为强度极限，这也是衡量材料强度的重要指标。

（4）局部变形阶段。应力达到强度极限后（超过 E 点后），试样某段内横截面尺寸发生剧烈收缩，这种现象称为颈缩现象。由于试样某段内横截面尺寸迅速变形，所以使试样继续变形所需要的拉力也变小，应力-应变曲线下降，最后试样在颈缩处断裂。

衡量材料塑性性能的指标一般用试样断裂后标距内的残余伸长量与标距的比值 δ（伸长率）来表示，其表达式为

$$\delta = \frac{l_1 - l}{l} \times 100\% \qquad （8-7）$$

式中，l_1 是试样断裂后标线间的长度；l 为原始试样标线间的长度。低碳钢的伸长率一般在 20% ～ 30%。

在工程中，伸长率小于 5% 的材料称为脆性材料，大于或等于 5% 的材料称为塑性材料。

还有一衡量材料塑性性能的指标，即断面收缩率，其表达式为

$$Z = \frac{A - A_1}{A} \times 100\% \tag{8-5}$$

式中，A 表示试件原面积；A_1 表示断裂后试件颈缩处面积。

（5）卸载定律和冷作硬化现象。在上述试验中，如果不是将试样拉断，而是使试样超过屈服极限后达到如图 8-4 所示的 D 点，然后逐渐撤去拉力，应力 - 应变关系将沿着直线 DO_1 回到 O_1 点，直线 DO_1 与 OA 近乎平行。由此可见，在撤去拉力的过程中，应力和应变都是按直线规律变化的，这便是卸载定律。在图 8-4 中，当拉力完全撤去后，O_1O_2 表示消失了的弹性变形，而 OO_1 则表示保留下来的塑性变形。

在卸载后，如果在短时间内继续施加拉力，应力和应变会重新沿着卸载直线 DO_1 上升，在达到 D 点后，沿着曲线 DEF 变化。由此可见，再次施加拉力后，直到 D 点前都是弹性变形，超过 D 点后才发生塑性变形。由图 8-4 可知，再次施加拉力后，试样的塑性变形和延伸率有所降低，比例极限有所提高，这种现象称为冷作硬化。

有些塑性材料没有明显的屈服阶段，通常将完全卸载后具有残余应变量 $\varepsilon_P = 0.2\%$ 时的应力称为名义屈服极限，用 $\sigma_{0.2}$ 表示，如图 8-5 所示。

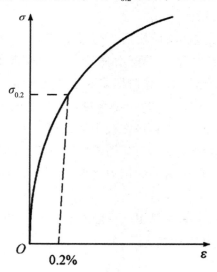

图 8-5 名义屈服极限

2.铸铁拉伸时的力学性能

铸铁可作为脆性材料的代表，其拉伸时的 σ-ε 曲线如图 8-6 所示。从图中可以看出，铸铁拉伸时没有明显的直线阶段，也没有屈服阶段。断裂是突然发生的，塑性变形很小。衡量铸铁强度的指标是抗拉强度 σ_b。由于铸铁的 σ-ε 曲线中没有明显的直线部分，所以它不符合胡克定律，但其在较小的应力范围内工作时，可以近似地使用胡克定律。

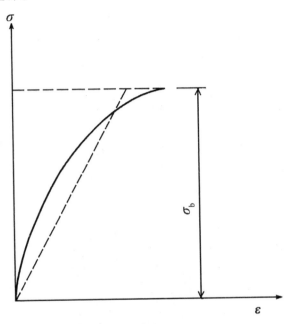

图 8-6　铸铁拉伸时的 σ-ε 曲线

8.4.2　材料压缩时的力学性能

1.低碳钢压缩时的力学性能

低碳钢压缩时，其 σ-ε 曲线如图 8-7 中的实线所示，虚线则表示拉伸曲线。由试验可知，在压缩时，低碳钢的屈服极限、弹性模量与拉伸时基本相同。随着压力逐渐增大，当压力超过屈服极限后，试样会出现明显的塑性变形，如果继续增大压力，试件会越来越扁，横截面的面积也会随之增大，抗压能力也随之提高，所以试件不会在压力的作用下被破坏，也因此得不到抗压强度。

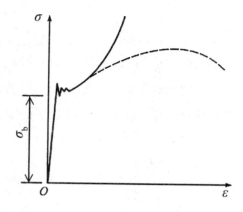

图 8-7　低碳钢压缩时的 $\sigma-\varepsilon$ 曲线

2.铸铁压缩时的力学性能

铸铁压缩时的力学性能如图 8-8 中的实线所示，虚线则表示拉伸曲线，铸铁压缩与拉伸时的力学性能存在明显不同。根据铸铁压缩时的 $\sigma-\varepsilon$ 曲线可知，铸铁的抗压强度远远高于抗拉强度。

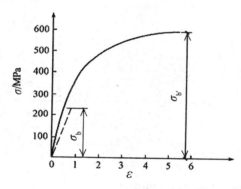

图 8-8　铸铁压缩时的 $\sigma-\varepsilon$ 曲线

8.5　轴向拉伸与压缩时的强度计算

8.5.1　安全系数和许用应力

在拉伸或压缩时，脆性材料通常以断裂为失效标志，塑性材料通常以屈服为失效标志。因此，对于不同材料的杆件而言，应选择不同的强度指标表示材料所能承受的极限应力 σ^0，即

$$\sigma^0 = \begin{cases} \sigma_s \left(\sigma_{0.2} \right) & \text{，对塑性材料} \\ \sigma_b & \text{，对脆性材料} \end{cases}$$

考虑到计算公式误差、材料缺陷、制造工艺水平、载荷估计误差等因素，在设计时通常留有一定的强度储备。因此，应将材料的极限应力除以大于 1 的系数，这样得到的应力称为许用应力，用 $[\sigma]$ 表示，即

$$[\sigma] = \frac{\sigma^0}{n} \tag{8-9}$$

式中，n 为安全系数。

安全系数的选取比较复杂，需要考虑多个因素。通常情况下，脆性材料的安全系数比塑性材料的安全系数取得大一些，脆性材料安全系数的选取范围为 $2.5 \sim 3.0$，塑性材料安全系数的选取范围为 $1.4 \sim 1.7$。

对于塑性材料而言，拉伸和压缩的 σ_s 相同，所以不用区分其拉伸和压缩时的许用应力。

但对于脆性材料而言，拉伸和压缩的 σ_b 不同，所以两种状态下的许用应力也不同。一般用 $[\sigma_t]$ 表示许用拉力，用 $[\sigma_c]$ 表示许用压力。

8.5.2　拉伸和压缩时的强度条件

为确保杆件正常工作，在轴向拉伸或压缩时，杆件的最大工作应力不能超过材料的许用应力，由此可得出轴向拉伸或压缩时的强度条件，即

$$\sigma = \frac{F_N}{A} \leqslant [\sigma] \tag{8-10}$$

根据式（8-10）可以解决拉伸或压缩杆件强度校核、截面设计和确定许用载荷三类强度计算问题。

（1）强度校核。计算给定构件的应力 σ，并与许用应力比较，若 $\sigma < [\sigma]$，则说明构件是安全的；反之，则是不安全的。

（2）截面设计。如果已知构件的载荷、许用应力，可依据强度条件计算构件的横截面积。

（3）确定许用载荷。对给定的结构（材料、构件、尺寸）、许用应力和加载方式，确定结构在安全的前提下能承受的最大载荷 $[F]$。构件的许用轴力 $[F_N]=A[\sigma]$，利用轴力 F_N 与载荷的关系，得到构件允许的载荷值，结构中各构件允许的载荷值中的最小者，即结构的许用载荷。

8.6 轴向拉伸与压缩时的变形

8.6.1 轴向变形与胡克定律

在轴向拉力或轴向压力的作用下，直杆会沿轴线方向伸长或缩短。如图 8-9 所示，一直杆在拉力的作用下，长度由 l 变为 l_1，长度变化为

$$\Delta l = l_1 - l$$

Δl 称为杆的轴向绝对线变形。Δl 与原来的长度 l 之比称为轴向线应变，表示单位长度内的线变形，用 ε 表示，表达式为

$$\varepsilon = \frac{\Delta l}{l} \qquad\qquad (8-11)$$

在拉伸时，Δl 和 ε 均为正值；在压缩时，Δl 和 ε 均为负值。

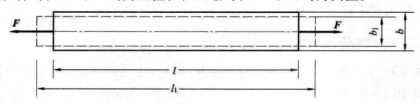

图 8-9　轴向变形

由试验可知，很多材料都有线弹性范围，在该范围内，Δl 与杆长 l、轴力大小 F_N 成正比，与横截面的面积成反比，即

$$\Delta l = \frac{F_N l}{EA} \qquad\qquad (8-12)$$

式中，EA 称为杆件的抗压或抗拉刚度，其值越大，表明材料的刚度越大。

式（8-12）称为轴向拉伸或压缩时等直杆的轴向变形计算公式，也称为胡克定律。引入 $\sigma = \dfrac{F_N}{A}$ 或 $\varepsilon = \dfrac{\Delta l}{l}$，可得到胡克定律的另一表达式，即

$$\sigma = E\varepsilon \qquad\qquad (8-13)$$

式中，E 称为弹性模量，不同的材料有不同的弹性模量。弹性模量越大，表示材料抗伸长或缩短变形的能力越强。

由式（8-13）可知，在比例极限内，杆件横截面上的正应力与轴向线应变成正比。

8.6.2 横向变形与泊松比

在轴向拉力或轴向压力的作用下，直杆不仅会沿轴线方向伸长或缩短，还会沿横向伸长或缩短。如图 8-11 所示，在拉力的作用下，直杆横向缩短。变形前，直杆的横向尺寸为 b，变形后，直杆的横向尺寸为 b_1，则横向线应变为

$$\varepsilon' = \frac{\Delta b}{b} = \frac{b_1 - b}{b}$$

试验表明，在线弹性范围内，材料的横向线应变与轴向线应变成比例关系，其比值的绝对值为常数，这个常数称为横向变形系数或泊松比，用 μ 表示，其表达式为

$$\left| \frac{\varepsilon'}{\varepsilon} \right| = \mu \tag{8-14}$$

泊松比因材料的不同而不同，一般由试验测得。由于 ε 与 ε' 的正负号是相反的，所以在线弹性范围内，二者关系式还可以写为

$$\varepsilon' = -\mu\varepsilon \tag{8-15}$$

8.7 拉伸、压缩的超静定问题

前面所讨论的问题只需要通过静力平衡方程便可以求解，但在工程实际中，还有一种问题，即杆件的内力或结构的约束反力的个数超过了独立静力平衡方程的个数，此时仅仅采用静力平衡方程无法求解，该类问题称为超静定问题。未知力个数与独立平衡方程个数之差，称为超静定次数。

如图 8-10 所示，一杆件的 A、B 两端都被固定，两端也各有一约束反力，此时只能够列出一个静力平衡方程，无法求出两个约束力。

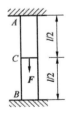

图 8-10 超静定结构

在解决超静定问题时，除了利用静力平衡方程外，还可以考虑杆件的变形情

况，列出变形的补充方程，并使补充方程的个数等于超静定次数。在构件正常工作时，其各部位的变形之间存在着一定的几何关系，这种几何关系称为变形协调条件。在解决超静定问题时，关键就是依据变形协调条件列出几何方程，然后将杆件内力与变形的物理关系带入几何方程中，便可以得到所需要的补充方程。

8.8　应力集中的概念

在工程实际中，为了满足使用需求，很多构件上会带有一些切槽、切口、螺纹等，存在这些情况的构件的横截面尺寸会因此而变化。由试验可知，在构件尺寸突然变化的横截面上，应力的分布是不均匀的。例如，在如图 8-11 所示的构件中，在开有圆孔的区域内，应力突然增加，而远离圆孔后，应力逐渐下降，并趋于均匀。这种由于杆件外形变化而引起的局部应力迅速增大的现象称为应力集中。

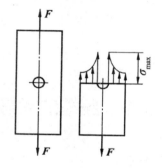

图 8-11　应力集中

应力集中的程度用理论应力集中因数 K 表示，其表达式为

$$K = \frac{\sigma_{max}}{\sigma} \qquad (8-16)$$

式中，σ_{max} 表示发生应力集中的截面上的最大应力；σ 表示同一截面上的平均应力。

试验结果表明，若构件截面尺寸的变化越大，应力集中的程度越大，所以在满足使用需求的基础上，应尽可能减缓构件截面尺寸的变化程度。

8.9 剪切与挤压的实用计算

8.9.1 剪切与挤压的概念

在工程实际中，一些连接件在承受两个大小相等、方向相反、作用线相距很近的外力作用时，在两个力的作用线之间的横截面 $m-m$ 处会发生相对错动，这种变形称为剪切变形，该截面称为剪切面，因剪切变形造成的破坏称为剪切破坏。

在发生剪切变形的同时，连接件与被连接件的接触面会发生挤压，这种现象称为挤压现象，接触面称为挤压面。当挤压力过大时，挤压面会发生塑性变形，甚至被破坏，这种因挤压发生的破坏现象称为挤压破坏。

需要注意的是，挤压和压缩的概念不同，挤压发生在两个构件的接触表面，发生在构件的局部；而压缩则发生在整个构件上。

8.9.2 剪切的实用计算

要计算连接件的抗剪强度，需要先求出剪切面上的内力。图 8-12（a）为一螺栓简图。现假设一剪切面 $m-m$ 将螺栓截开，如图 8-14（b）所示，将任一部分作为研究对象。根据平衡条件可知，必然存在沿截面作用的内力，该内力称为剪力，用 F_s 表示，如图 8-14（c）所示。根据平衡条件可知，$F_s=F$。

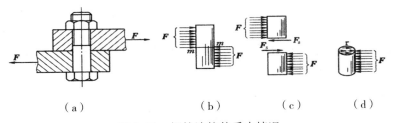

（a） （b） （c） （d）

图 8-12 螺栓连接的受力情况

因为剪力的存在，剪切面上存在平行于截面的应力，如图 8-14（d）所示，称为切应力，用 τ 表示。

假设剪切面上切应力的分布是均匀的，由此可得剪切强度条件，即

$$\tau = \frac{F_s}{A} \leq [\tau] \tag{8-17}$$

式中，$[\tau]$ 表示许用剪切应力；A 表示剪切面的面积。

$[\tau]$ 的计算公式为

$$[\tau] = \frac{\tau_b}{n_b} \qquad\qquad (8\text{-}18)$$

式中，τ_b 表示材料的抗剪强度，n_b 为安全系数。

$[\tau]$ 也可按如下经验公式确定。

（1）塑性材料：$[\tau] = (0.6 \sim 0.8)[\sigma]$。

（2）脆性材料：$[\tau] = (0.8 \sim 1.0)[\sigma]$。

应用抗剪强度条件可以解决连接件强度计算的三类强度计算问题：强度校核、截面设计和确定许用载荷。

8.9.3 挤压的实用计算

挤压面上相互作用的力称为挤压力，用 $\boldsymbol{F}_{jy}$ 表示，挤压面上承受的挤压应力用 σ_{jy} 表示。挤压面上挤压应力的分布比较复杂，一般用"实用计算法"，即假定挤压面上挤压力的分布是均匀的，从而得出强度条件，即

$$\sigma_{jy} = \frac{F_{jy}}{A_{jy}} \leqslant \left[\sigma_{jy} \right] \qquad\qquad (8\text{-}19)$$

式中，A_{jy} 为挤压面积，其计算视接触面的情况而定。当连接件与被连接件的接触面为平面时，如图 8-13（a）所示的连接件为键，挤压面即为接触面，$A_{jy} = hl/2$。当连接件与被连接件的接触面为圆柱面时，如螺栓、铆钉、销钉等，挤压应力的分布大致如图 8-13（b）所示，中点的挤压应力值最大。若以圆柱面的正投影面积 $A_{jy} = hd$ 去除挤压力，如图 8-13（c）所示，则所得应力与圆柱接触面上的实际最大应力值大致相等，故挤压面面积按 $A_{jy} = hd$ 计算，称为名义挤压面积。

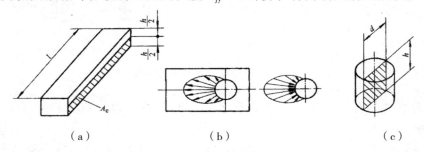

（a）　　　　　　　　（b）　　　　　　　　（c）

图 8-13　挤压面及其分布

$[\sigma_{jy}]$ 表示许用挤压应力，可在有关手册中查得，也可依据如下经验公式确定。

（1）塑性材料：$\left[\sigma_{jy} \right] = (1.5 \sim 2.5)[\sigma_b]$。

（2）脆性材料：$\left[\sigma_{jy} \right] = (0.9 \sim 1.5)[\sigma_b]$。

思考题

1. 结合自身经验，试列出工程实际中一些轴向拉伸或压缩的构件。

2. 静力学中力的可传性原理是否适用于材料力学？

3. 如果两根直杆的轴力和截面面积相等，但截面形状和材料不同，假设应力均匀分布，请问二者的应力是否相同？

4. 应力集中的概念是什么？它对杆件的强度是否有影响？如果有，是什么影响？

5. 低碳钢在拉伸试验中表现为几个阶段？各个阶段有哪些特点？

6. 剪切和挤压分别发生在什么位置上？

7. 挤压和压缩有什么不同？

习题

1. 计算如图 8-14 所示杆件的轴力，并指出其最大值。

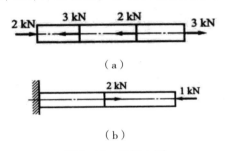

（a）

（b）

图 8-14　习题 1 图

2. 如图 8-15 所示，一杆件由两段杆件粘连而成，黏接面为 $m-m$。现在杆件上作用拉力 F。当 θ 为多少时，$m-m$ 面上的正应力是其切应力的两倍。

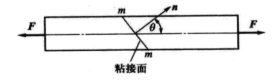

图 8-15　习题 2 图

3. 图 8-16 为一硬铝试样，已知试验段板宽 $b=20$ mm，厚度 $\delta=2$ mm，标距 $l=70$ mm。现施加一轴向拉力，大小为 6 kN，测得试验段伸长 0.15 mm，板宽缩短 0.014 mm。试计算试样的弹性模量和泊松比。

图 8-16　习题 3 图

第9章 扭 转

9.1 扭转的基本概念

很多机械中的轴类零件在工作时往往承受着扭转作用，如汽车的传动轴、钻头、带传动轴等，在扭转作用下，轴往往会产生扭转变形。

在上述实例中，杆件的受力特点是在垂直于杆件轴线的平面内，作用着一对大小相等、方向相反的力偶。杆件的变形特点为各横截面绕轴线发生相对转动，这种变形称为扭转变形。

当杆件发生扭转变形时，杆件上任意两个横截面将围绕杆件的轴线做相对转动而产生相对角位移，该角位移称为这两个横截面的相对扭转角，用 φ 表示，如图 9-1 所示。图 9-1 中的 φ_{BA} 表示杆件右端的 B 截面相对于左端 A 截面的扭转角。

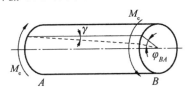

图 9-1 扭转变形

9.2 外力偶矩的计算、扭矩与扭矩图

9.2.1 外力偶矩的计算

在工程实际中，作用于轴上的外力偶矩通常都是未知的，这时便需要用轴所传递的功率 P 和转速 n 进行计算。

外力偶矩的计算公式为

$$M = 9\,549\frac{P}{n} \tag{9-1}$$

式中，M 为作用在轴上的外力偶矩，单位为 N·m；P 为轴所传递的功率，单位为 kW；n 为轴的转速，单位为 r/min。

9.2.2 扭矩与扭矩图

1.扭矩

已知受扭圆轴外力偶矩，可以应用截面法求圆轴任意横截面的内力。图 9-2（a）为受扭圆轴，假设外力偶矩为 M_e，求到圆轴 A 端距离为 x 的任意截面 m-n 上的内力。

在截面 m-n 处将圆轴截断，以左半部分为研究对象，如图 9-2（b）所示，根据平衡条件$\sum M = 0$，可得内力偶矩 T 和外力偶矩 M_e 的关系，即

$$T = M_e \tag{9-2}$$

式中，T 也称为扭矩。

由式（9-2）可知，杆件中任一截面的扭矩等于所截轴段上所有外力偶矩的代数和。如果以右半部分为研究对象，其扭矩同以左半部分为研究对象求得的扭矩大小相等、方向相反。

为了使取左半部分和右半部分求得的扭矩的正负号一致，用右手螺旋定则确定扭矩的正负，即用右手握住轴线，四指指向扭矩的方向，如果大拇指指向截面，扭矩为负；反之，扭矩为正。

如图 9-2（b）和 9-2（c）所示，使用右手螺旋定则所确定的扭矩均为正。

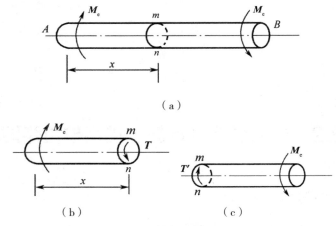

图 9-2　受扭圆轴横截面的扭矩

2.扭矩图

圆轴在扭转时，通常横截面上的扭矩会随着截面位置的变化而变化，反映这

种变化的图形称为扭矩图。在绘制扭矩图时，为了清楚地表示各横截面上扭矩沿轴线的变化情况，通常用与轴线平行的横坐标表示横截面位置，用纵坐标表示横截面上的扭矩。正值扭矩画在 x 轴上方，负值扭矩画在 x 轴下方。

下面举例说明扭矩图的画法。

【例 9-1】如图 9-3（a）所示，有一传动轴，A 轮为主动轮，B、C、D 轮均为从动轮。已知 A 轮的输入功率为 10 kW，B、C、D 轮的输出功率分别为 4.5 kW、3.5 kW、2.0 kW，传动轴的转速为 300 r/min。求各段的扭矩，并绘制扭矩图。

【解】（1）计算外力偶矩。根据已知条件，绘制出外力偶矩示意图，如图 9-3（b）所示，然后应用外力偶矩的计算公式求外力偶矩，结果如下：

$$M_A = 9\ 549 \cdot \frac{P_A}{n} = 9\ 549 \times \frac{10\ \text{kW}}{300\ \text{r / min}} = 318.3\ \text{N} \cdot \text{m}$$

$$M_B = 9\ 549 \cdot \frac{P_B}{n} = 9\ 549 \times \frac{4.5\ \text{kW}}{300\ \text{r / min}} \approx 143.2\ \text{N} \cdot \text{m}$$

$$M_C = 9\ 549 \cdot \frac{P_C}{n} = 9\ 549 \times \frac{3.5\ \text{kW}}{300\ \text{r / min}} \approx 111.4\ \text{N} \cdot \text{m}$$

$$M_D = 9\ 549 \cdot \frac{P_D}{n} = 9\ 549 \times \frac{2.0\ \text{kW}}{300\ \text{r/min}} \approx 63.7\ \text{N} \cdot \text{m}$$

（2）计算各段扭矩。由图 9-3（c）、9-3（d）、9-3（e）得

$$T_1 = M_B \approx 143.2\ \text{N} \cdot \text{m}$$

$$T_2 = M_B - M_A = 143.2\ \text{N} \cdot \text{m} - 318.3\ \text{N} \cdot \text{m} = -175.1\ \text{N} \cdot \text{m}$$

$$T_3 = -M_D \approx -63.7\ \text{N} \cdot \text{m}$$

T_2 与 T_3 的计算结果为负值，说明扭矩的实际方向与假设的方向相反。

（3）绘制扭矩图。根据各段扭矩的大小，按照比例绘制扭矩图，如图 9-3（f）所示。

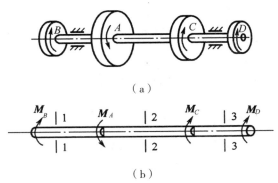

（a）

（b）

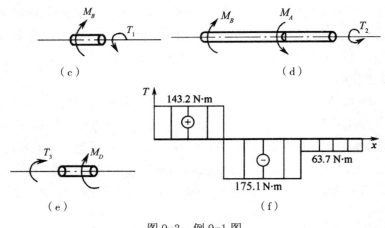

图 9-3 例 9-1 图

9.3 薄壁圆筒的扭转

在研究轴在扭转时的应力与变形之前，需要先考虑薄壁圆筒的扭转，以便于更好地探讨切应力和切应变的规律以及二者之间的关系。

9.3.1 薄壁圆筒扭转时的切应力

如图 9-4（a）所示，有一薄壁圆筒，其半径为 r_0，壁厚为 t，壁厚远小于半径（通常 $t \leqslant \dfrac{1}{10} r_0$）。现薄壁圆筒两端受一对大小相等、转向相反且作用面与轴线垂直的外力偶的作用。在施加外力偶之前，在薄壁圆筒的表面绘制两条相距很近的圆周线和纵向线，形成如图 9-4（a）所示的小矩形格。

施加外力偶后，圆筒会发生变形，大家可以观察到以下变形现象。

（1）圆筒的纵向线发生了微小角度的倾斜，两条纵向线倾斜的角度相同，均为 γ，如图 9-4（b）所示。

（2）绘制的圆周线的大小、形状和间距不会发生改变，但绕轴线产生了相对转动。

（3）小矩形格变成了平行四边形格。

综上所述，薄壁圆筒扭转时，薄壁圆筒横向与纵向均无变形，线应变 ε 为零。根据胡克定律 $\sigma=E\varepsilon$，可知横截面和纵截面上的正应力 σ 均为零。圆筒表面上小矩形格的直角发生了变化，其改变量 γ 为切应变。该切应变和横截面上沿圆轴切线方向的切应力是对应的。因为相邻两圆周线间每个格的直角改变量相等，同时假设材料是均匀、连续的，所以可推知其沿周围各点处切应力的方向与圆周相切，且数值相等，如图 9-4（c）所示。因为圆筒的壁厚远小于半径，所以切应力沿壁厚方向的数值变化可忽略不计。

依据图 9-4（c），列出平衡方程

$$\sum M_x = 0$$

由此可得

$$M_e = 2\pi r_0 t \tau r_0$$

则横截面上切应力的大小为

$$\tau = \frac{M_e}{2\pi r_0^2 t}$$

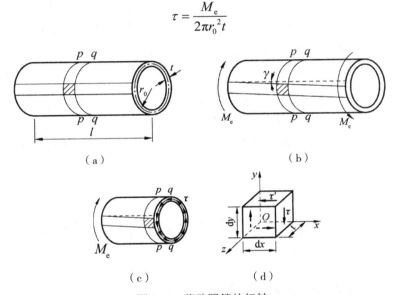

图 9-4 薄壁圆筒的扭转

9.3.2 切应力互等定理

如图 9-4（d）所示的小正方体（一般称为单元体）对应于薄壁圆筒上的小矩形块，其厚度与圆筒壁厚相等，厚度为 t，宽度和高度分别为 $\mathrm{d}x$、$\mathrm{d}y$。在该单元体圆周面的左、右侧面上都有切应力 τ，其剪力为 $\tau t \mathrm{d}y$，并且两个侧面上剪力的大小相等、方向相反，它们形成一力偶，力偶矩为（$\tau t \mathrm{d}y$）$\mathrm{d}x$。为使单元体保持平衡，在单元体的上、下两个面也需要有一对切应力为 τ' 形成的力偶。对于整个单元体来说，必须满足 $\sum M_z = 0$，即

$$（\tau t \mathrm{d}y）\mathrm{d}x = （\tau' t \mathrm{d}x）\mathrm{d}y$$

由上式可得

$$\tau=\tau' \tag{9-3}$$

式（9-3）表明，对于单元体，在一对相互垂直的平面上，沿垂直于两平面交线作用的切应力必须成对出现，且大小相等，方向都背离或指向两平面的交线。这种关系称为切应力互等定理，也称为切应力双生定理。当单元体上只有切应力，没有正应力时，这种状态称为纯剪切应力状态。

9.3.3 剪切胡克定律

在弹性极限内，切应力 τ 与切应变 γ 之间呈正相关，即

$$\tau=G\gamma \tag{9-4}$$

式（9-4）称为剪切胡克定律。式中，G 为材料的切变模量，是比例常数，单位为 Pa。

切变模量 G、拉（压）弹性模量 E 和泊松比 μ 都是表示材料弹性性质的常数，通过理论研究和实践证明，在弹性形变范围内，三者存在一定的关系，用下式表示

$$G = \frac{E}{2(1+\mu)} \tag{9-5}$$

根据式（9-5）可知，对于各向同性材料，知道任意两个弹性常数，便可以求出另一个常数。

9.4　圆轴扭转时的应力和强度计算

9.4.1　圆轴扭转时横截面上的应力

圆轴扭转时，横截面上任意一点的切应力计算公式为

$$\tau_{\rho} = \frac{T\rho}{I_{\mathrm{p}}} \tag{9-6}$$

式中，τ_{ρ} 为横截面上任意一点的切应力，单位为 MPa；T 为该横截面上的转矩，单位为 N·mm；I_{p} 为该横截面对圆心的极惯性矩，单位为 mm^4；ρ 为应力点到圆心的距离，单位为 mm。

图 9-5 表示圆轴扭转时横截面上任意一点处切应力的分布规律。由图 9-5 和式（9-6）可知，当 $\rho = \dfrac{D}{2}$ 时，切应力最大，即

$$\tau_{\max} = \left(T \cdot \frac{D}{2} \right) / I_{p} \qquad (9\text{-}7)$$

令 $W_{p} = \dfrac{I_{p}}{\dfrac{D}{2}}$，式（9-7）可写为

$$\tau_{\max} = \frac{T}{W_{p}} \qquad (9\text{-}8)$$

式中，W_{p} 为抗扭截面系数，是表征圆轴抗破坏能力的几何参数，单位为 mm^{3}。

式（9-6）和式（9-8）只适用于圆轴，且 $\tau_{\max}$ 不超过材料的比例极限。

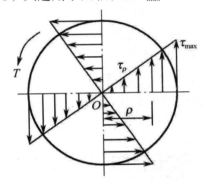

图 9-5　圆轴扭转时截面上切应力的分布

9.4.2　极惯性矩及抗扭截面系数

在工程实际中，常用的轴有实心轴和空心轴两种，针对不同类型的轴，其极惯性矩和抗扭截面系数的计算方法也存在差异。

（1）假设实心轴的半径为 D，其计算公式分别为

$$I_{p} = \frac{\pi D^{4}}{32} \approx 0.1D^{4}$$

$$W_{p} = \frac{I_{p}}{\dfrac{D}{2}} = \frac{\pi D^{3}}{16} \approx 0.2D^{3}$$

（2）假设空心轴的内径为 d，外径为 D，$\alpha = d/D$，其计算公式分别为

$$I_{p} = \frac{\pi}{32}\left(D^{4} - d^{4} \right) \approx 0.1D^{4}\left(1 - \alpha^{4} \right)$$

$$W_\mathrm{p} = \frac{I_\mathrm{p}}{\dfrac{D}{2}} = \frac{\pi D^3}{16}\left(1 - \alpha^4\right) \approx 0.2 D^3 \left(1 - \alpha^4\right)$$

9.4.3 圆轴扭转时的强度计算

在工程实际中，为了确保圆轴扭转时不被破坏，要求轴内的最大切应力不能超过材料的许用切应力 [τ]，由此可得圆轴扭转时的强度条件，即

$$\tau_\mathrm{max} = \frac{T_\mathrm{max}}{W_\mathrm{p}} \leq [\tau] \tag{9-9}$$

式中，许用切应力 [τ] 可由材料的极限切应力除以大于 1 的安全系数得到。

对承受多个外力偶作用且作用截面不同的轴，最大切应力不一定在 T_max 所在的截面，此时应综合考虑 T_max 和 W_p 两方面的因素来确定。

根据圆轴扭转时的强度条件，可以解决圆轴扭转时的三类强度计算问题：强度校核、圆轴截面设计和确定许用载荷。

9.5   圆轴扭转时的变形和刚度计算

9.5.1   圆轴扭转时的变形

圆轴扭转时的变形可以用相对扭转角来表示。根据切应力公式，可推导出相距 $\mathrm{d}x$ 的两横截面间的相对扭转角，即

$$\mathrm{d}\varphi = \frac{T}{GI_\mathrm{p}}\mathrm{d}x$$

因此，相距 l 的两横截面间的相对扭转角为

$$\varphi = \int_L \mathrm{d}\varphi = \int_0^l \frac{T}{GI_\mathrm{p}}\mathrm{d}x$$

若两截面之间的扭矩不变，轴的材料不变，且该轴为等直杆，则在长度为 l 的轴段内，$\dfrac{T}{GI_\mathrm{p}}$ 为常量，上式可变为

$$\varphi = \frac{Tl}{GI_\mathrm{p}} \tag{9-10}$$

式中，φ 的单位为 rad。

由式（9-10）可知，相对扭转角和扭矩、轴长成正比，与 GI_p 成反比。GI_p 称为圆轴的抗扭强度。

若扭矩、极惯性矩或切变模量发生变化，则需要计算出各段的相对扭转角，然后再将代数值求和，即

$$\varphi = \sum_{i=1}^{n} \frac{T_i l_i}{G_i I_{pi}}$$

在其他条件固定不变的前提下，轴的长度越长，其相对扭转角越大。在工程实际中，受扭圆轴的刚度通常用相对扭转角沿杆长度的变化率来衡量，它称为单位长度扭转角，用 φ' 表示，即

$$\varphi' = \frac{d\varphi}{dx} = \frac{T}{GI_p} \tag{9-11}$$

9.5.2　圆轴扭转时的刚度计算

对于工程结构中的杆件而言，即便强度满足了要求也不一定能确保工作的正常进行。比如，当机器中的轴发生较大变形时，可能会产生较大的振动。因此，还需要杆件具有足够的刚度，刚度条件为轴的最大单位长度扭转角不超过许用的单位长度扭转角，即

$$\varphi'_{max} = \frac{T_{max}}{GI_p} \leqslant [\varphi'] \tag{9-12}$$

式中，φ'_{max} 指最大单位长度扭转角，单位为 rad/m。$[\varphi']$ 的常用单位为°/m，为了使 φ'_{max} 和 $[\varphi']$ 的单位一致，刚度条件还可表示为

$$\varphi'_{max} = \frac{T_{max}}{GI_p} \times \frac{180°}{\pi} \leqslant [\varphi'] \tag{9-13}$$

同强度条件一样，应用刚度条件，也可以解决圆轴扭转时的三类刚度计算问题：校核圆轴的刚度、圆轴截面设计和确定许用载荷。

思考题

1. 有一空心轴和一实心轴，二者的横截面面积相等，请问哪类轴的刚度和强度更大？

2. 如果单元体上同时存在正应力和切应力，切应力互动定理是否还成立？为什么？

3. 如果两根轴的长度和直径都相同，但材料不同，请问在相同扭矩的作用下，它们的扭转角是否相同？为什么？

4. 扭转构件的截面为什么大多是圆形的？

5. 相对扭转角和单位长度扭转角的区别是什么？

习题

1. 如图 9-6 所示，圆轴长为 1 m，直径为 100 mm，材料的切变弹性模量为 80 GPa。现在两端施加一对外力偶，外力偶矩的大小为 14 kN·m。求：

（1）圆轴截面上距轴心 12.5 mm、25 mm 和 50 mm 三点处的切应力；

（2）最大切应力；

（3）单位长度扭转角。

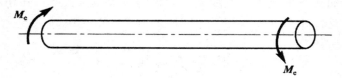

图 9-6　习题 1 图

2. 如图 9-7 所示，空心轴的内径 d=62.5 mm，外径 D=80 mm，材料的切变弹性模量为 80 GPa。现在轴两端施加一对外力偶，外力偶矩大小为 1 kN·m。

（1）求最大切应力和最小切应力；

（2）画出横截面上的切应力分布图；

（3）求单位长度扭转角。

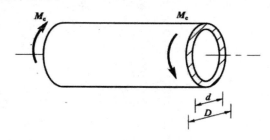

图 9-7　习题 2 图

第10章 弯 曲

10.1 平面弯曲的概念及梁的计算简图

10.1.1 平面弯曲的概念

在工程实际中，弯曲是一种常见的变形。例如，建筑物的梁、桥式起重机的大梁等在受到横向力的作用时，会发生弯曲变形。其特点是杆件的轴线由直线变为曲线。在外力的作用下，发生弯曲变形的杆件习惯上称为梁。

在梁的横截面上，通常有一个或几个对称轴，由梁的轴线 x 轴和横截面对称轴 y 轴组成的平面称为纵向对称平面。当作用在梁上的外力都作用于梁的纵向对称平面时，梁的轴线在纵向对称平面内弯曲成一条平面曲线，这种弯曲变形称为平面弯曲。

10.1.2 梁的计算简图

在工程实际中，梁的载荷、截面形状等一般都比较复杂，为了便于分析和计算，通常要对梁进行简化。

1. 梁本身的简化

无论直梁的情况有多复杂，都可以将其简化为直杆，如图 10-1 所示。

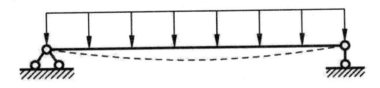

图 10-1 梁本身的简化

2. 载荷的简化

作用在梁上的力包含载荷与支座反力，根据不同的情况，这些力可以进行不同的简化。当载荷连续作用于梁上时，可简化为分布载荷；当载荷作用的范围较小时，可简化为集中力；当力偶作用在很短的一段梁上时，可简化为集中力偶。

3. 支座的简化

根据支座对梁产生的不同约束，可以将支座简化为固定端支座、活动铰链支座和固定铰链支座三种形式。

4. 梁简化的基本形式

根据梁的支承情况，可以将梁简化为三种形式。

（1）悬臂梁：梁的一端为固定端，另一端为自由端，如图 10-2（a）所示。

（2）简支梁：梁的一端是固定铰链支座，另一端是活动铰链支座，如图 10-2（b）所示。

（3）外伸梁：梁的一端或两端伸出支座之外的简支梁，如图 10-2（c）所示。

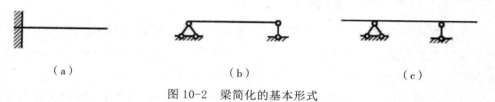

（a）　　　　　　　　（b）　　　　　　　　（c）

图 10-2　梁简化的基本形式

10.2　剪力与弯矩、剪力图与弯矩图

10.2.1　剪力与弯矩

1. 剪力与弯矩的概念

如图 10-3（a）所示，一简支梁上荷载 F 与支座反力 F_A、F_B 是作用在梁的纵向对称平面内的平衡力系。假想将梁沿 n–n 截面分为两部分，以左边部分为研究对象。由图 10-3（b）可知，因为存在支座反力 F_A，为了使左边部分满足 $\Sigma Y = 0$，在截面上必然存在与支座反力大小相等、方向相反的内力 F_s，这个内力称为剪力。与此同时，由于 F_A 对截面的形心 O 点有一力矩 $F_A x$，为了满足 $\Sigma M_O = 0$，在截面上必然存在与力矩 $F_A x$ 大小相等、转向相反的内力偶矩 M，这个内力偶矩称为弯矩。

由上述论述可知，当梁发生弯曲时，在任一横截面上都存在两个内力，即剪力和弯矩。

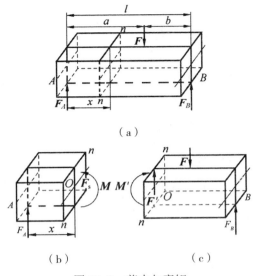

（a）

（b）　　　　　　　　　　（c）

图 10-3　剪力与弯矩

根据左边部分梁的静力平衡方程可以求出剪力和弯矩的大小。

$$\Sigma Y = 0, \quad 即 F_A - F_s = 0$$
$$F_s = F_A$$

$$\Sigma M_O = 0, \quad 即 F_A x - M = 0$$
$$M = F_A x$$

其中，剪力的单位为 N 或 kN，弯矩的单位为 N·m 或 kN·m。

2. 剪力与弯矩的正、负号规定

考虑到工程实际中的习惯和要求，并使左右两部分梁在同一截面上求得的剪力和弯矩具有相同的正、负号，所以对剪力和弯矩的正、负号做了如下规定。

（1）如图 10-4（a）（b）所示，若剪力使所取梁的部分有顺时针转动的趋势，则取正；反之，则取负。

（2）如图 10-4（c）（d）所示，若弯矩使所取梁的部分上部受压、下部受拉，则取正；反之，则取负。

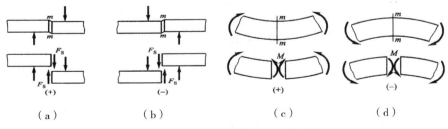

（a）　　　　　（b）　　　　　（c）　　　　　（d）

图 10-4　剪力和弯矩的正、负号规定

3.用截面法计算指定截面上的剪力和弯矩

用截面法计算指定截面上剪力和弯矩的步骤如下。

（1）计算支座反力。

（2）假想一截面，将梁分为两部分，其中一部分作为研究对象。

（3）假设截面上的剪力和弯矩都为正，画出研究对象的受力图。

（4）建立平衡方程，求剪力和弯矩。

10.2.2　剪力图与弯矩图

一般情况下，梁内各截面上的剪力和弯矩会随着截面位置的变化而变化，如果用沿梁轴线的坐标 x 来表示梁横截面的位置，可列出剪力方程和弯矩方程，即

$$F_s = F_s(x)$$
$$M = M(x)$$

（10-1）

上述两个方程可表示梁内剪力和弯矩沿梁轴线的变化规律。

为了更加直观地表示上述规律，可根据方程绘制出剪力图和弯矩图。绘图时，一般以剪力或弯矩为纵坐标，以平行于梁轴线的 x 轴表示梁的横截面位置。在工程实际中，习惯上将正剪力画在 x 轴的上方，负剪力画在 x 轴的下方；把正弯矩画在 x 轴的下方，负弯矩画在 x 轴的上方。

绘制剪力图和弯矩图的基本步骤如下。

（1）求支座反力。

（2）将梁分段。

（3）建立剪力方程和弯矩方程。

（4）绘制剪力图和弯矩图。

【例10-1】图10-5是起重机大梁的简化图，长度为 l，大梁自身的重力可以看作是均匀分布在梁上的载荷 q。建立剪力方程和弯矩方程，并绘制出剪力图和弯矩图。

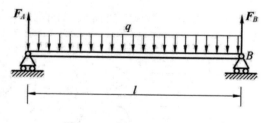

图10-5　例10-1图（1）

【解】（1）由图10-5可知，起重机大梁的简化图为简支梁，由此可求出大梁上 A、B 点的支座反力，即

$$F_A = F_B = \frac{ql}{2}$$

（2）以 A 点为原点建立坐标系，然后在距 A 点 x 处将梁分为两部分，将左半部分作为研究对象，列出左段的平衡方程，即

$$F_s(x) = \frac{ql}{2} - qx = q\left(\frac{l}{2} - x\right)$$

$$M(x) = \frac{ql}{2}x - qx\frac{x}{2} = \frac{q}{2}\left(lx - x^2\right)$$

（3）由剪力方程可知，剪力图是一条直线，当 $x = \frac{l}{2}$ 时，$F_s = 0$。

根据弯矩方程可知，弯矩图是一条抛物线，最高点在 $x = \frac{l}{2}$ 处，则 $M_{max} = \frac{ql^2}{8}$。

根据剪力方程和弯矩方程，绘制出剪力图和弯矩图，如图 10-6 所示。

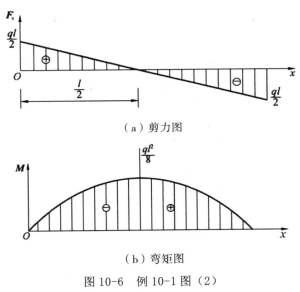

（a）剪力图

（b）弯矩图

图 10-6　例 10-1 图（2）

10.3　弯曲正应力与强度计算

10.3.1　弯曲正应力

纯弯曲是指梁的各截面上只有弯矩，剪力为零。梁在发生纯弯曲时，横截面上没

有切应力的作用。为了研究正应力和弯矩的关系，可选取一段纯弯曲的梁进行分析。

1.纯弯曲的试验现象与相关假设

如图10-7（a）所示，取一段横截面为矩形的梁，在梁的表面上画一些横向线和纵向线，然后沿梁的纵向对称平面在梁的两端施加一对大小相等、方向相反的力偶，如图10-7（b）所示。在力偶的作用下，可观察到如下现象。

（1）梁表面的纵向线弯曲成弧线，靠近顶面的纵向线变短，靠近底部的纵向线变长，则存在一平面，该平面上的纵向线长度不变。纵向线长度不发生改变的平面称为梁的中性层，其与梁横截面的交线称为中性轴，如图10-7（c）所示。

（2）横向线没有发生弯曲，仍旧是直线，但随着梁的弯曲发生了一定角度的旋转。

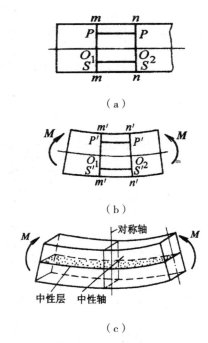

（a）

（b）

（c）

图10-7　纯弯曲的试验现象

根据上述现象，可以做如下假设。

（1）平面假设：梁在弯曲后，其横截面仍旧保持为平面。

（2）单向受力假设：梁的纵向纤维都是轴向缩短或伸长的，纵向纤维之间无相互挤压。

2.变形几何关系

通过研究梁各层纵向纤维的变化规律，可以进一步得出梁横截面上正应力的规律。

如图10-8（a）所示，在梁上截取一段相距 dx 的梁将其作为分析对象。将梁

的轴线作为 x 轴，截面对称轴作为 y 轴，中性轴作为 z 轴，如图 10-8（b）所示。梁发生弯曲后，截取的一段也随之发生弯曲，中性层 O_1O_2 的曲率半径为 ρ，两横截面 1–1、2–2 间的相对转角为 $\mathrm{d}\theta$，如图 10-8（c）所示。距中性层 y 处的纵向线 AB 的线应变为

$$\varepsilon = \frac{A'B' - AB}{AB} = \frac{A'B' - O_1O_2}{O_1O_2} = \frac{(\rho + y)\mathrm{d}\theta - \rho\mathrm{d}\theta}{\rho\mathrm{d}\theta} = \frac{y}{\rho} \qquad （10\text{-}2）$$

由式（10-2）可知，梁横截面上任意一点处的纵向线应变与其到中性轴的距离成正比。

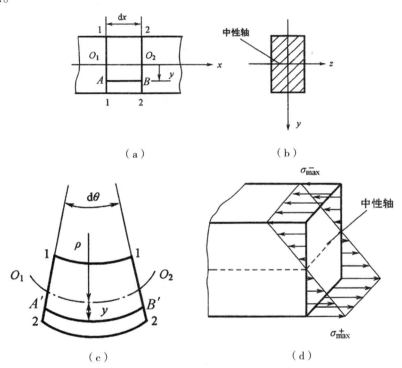

图 10-8 梁横截面上正应力的规律

3. 物理关系

梁在发生纯弯曲时，假设材料的纵向纤维只压缩和拉伸，应力不超过比例极限，服从胡克定律，则

$$\sigma = E\varepsilon = E\frac{y}{\rho} \qquad （10\text{-}3）$$

由式（10-3）可知，梁横截面上任意一点的正应力与该点到中性轴的距离成正比。体现到梁上，是一种线性关系，如图 10-8（d）所示。

由于梁中性轴的位置未知，曲率半径 ρ 也未知，所以无法确定 y，还需要运用应力与内力间的静力学关系。

4. 静力学关系

在梁的横截面上存在正应力，可将其简化为一轴力和一弯矩。由于梁发生纯弯曲时，横截面上只存在弯矩，轴力为零，所以有

$$F_N = \int_A \sigma \, dA = 0 \tag{10-4}$$

将（10-3）代入（10-4），得

$$\int_A \sigma dA = \frac{E}{\rho} \int_A y dA = \frac{E}{\rho} y_C A = \frac{E}{\rho} S_z = 0 \tag{10-5}$$

式中，S_z 表示整个横截面对 z 轴的静矩；y_C 为该横截面的形心坐标。因为 $A \neq 0$，且 $\dfrac{E}{\rho} \neq 0$，所以 $y_C = 0$，这表明中性轴 z 必然通过横截面的形心，中性轴的位置也因此可以确定。由于 y 轴是横截面的对称轴，因此 y 轴也通过横截面的形心，由此可见在梁横截面上所建坐标系 Oyz 的坐标原点就是横截面的形心。

横截面上应力对 z 轴之矩 M_z，等于横截面上的弯矩 M，即

$$M_z = \int_A y\sigma \, dA = M \tag{10-6}$$

将式（10-3）代入式（10-6），得

$$\frac{E}{\rho} \int_A y^2 \, dA = \frac{E}{\rho} I_z = M \text{ 或 } \frac{1}{\rho} = \frac{M}{EI_z} \tag{10-7}$$

式中，I_z 表示截面图形对 z 轴的惯性矩，单位为 m^4；EI_z 表示梁的抗弯程度。

将式（10-7）代入式（10-3），得

$$\sigma = \frac{My}{I_z} \tag{10-8}$$

式（10-8）为计算梁横截面上任意一点正应力的公式。由该公式可知，横截面上最外边缘处弯曲正应力最大。对于对称于中性轴的横截面，以 y_{max} 表示最远处一点到中性轴的距离，同时引入

$$W_z = \frac{I_z}{y_{max}} \tag{10-9}$$

式中，W_z 表示横截面对中性轴 z 的抗弯截面系数，单位为 m^3。由此可得梁横截面上最大正应力，即

$$\sigma_{\max} = \frac{M}{W_z} \qquad\qquad (10\text{-}10)$$

10.3.2　弯曲正应力的强度计算

由式（10-10）可知，梁在发生弯曲时，其截面上的最大正应力 $\sigma_{\max}$ 在截面上的上、下边缘处。对于等截面而言，$\sigma_{\max}$ 发生在最大弯矩 $M_{\max}$ 所在截面的上、下边缘处，这个最大弯矩 $M_{\max}$ 所在的截面称为危险截面，截面上、下边缘处的点称为危险点。为了使梁正常工作，梁弯曲时危险点上的最大应力不能超过材料的许用应力。由此可得等截面梁正应力的强度条件，即

$$\sigma_{\max} = \frac{M_{\max}}{W_z} \leqslant [\sigma] \qquad\qquad (10\text{-}11)$$

式中，$[\sigma]$ 为材料的许用应力。

对于变截面梁，危险截面不一定是最大弯矩所在的截面，而是比值 M/W_z 最大的截面，其正应力强度条件为

$$\sigma_{\max} = \left(\frac{M}{W_z}\right)_{\max} \leqslant [\sigma] \qquad\qquad (10\text{-}12)$$

式（10-11）和式（10-12）适用于抗拉和抗压性能相同的塑性材料，对于抗拉和抗压性能不同的脆性材料，即 $[\sigma^+] < [\sigma^-]$，其强度条件分别为

$$\begin{cases} \sigma_{\max}^+ = \dfrac{M_{\max} y^+}{I_z} \leqslant \left[\sigma^+\right] \\[3mm] \sigma_{\max}^- = \dfrac{M_{\max} y^-}{I_z} \leqslant \left[\sigma^-\right] \end{cases} \qquad\qquad (10\text{-}13)$$

式中，y^+ 和 y^- 分别表示受拉一侧和受压一侧截面边缘到中性轴的距离。

因为 $[\sigma^+] < [\sigma^-]$，所以应使 y^+ 尽量小于 y^-。

应用梁的正应力强度条件，可以解决梁强度计算的三类问题：强度校核、截面设计和确定许用载荷。

10.4　弯曲切应力与强度计算

10.4.1 弯曲切应力

梁在发生横力弯曲时，在其横截面上既有剪力，又有弯矩，此时梁上同时存

在正应力和切应力。下面按照梁横截面形状的不同，分情况进行讨论。

1.矩形截面梁上的切应力

在研究矩形截面梁上的切应力时，先对剪力和切应力之间的关系做出如下两点假设。

（1）横截面上各点处的切应力方向与剪力的方向都是平行的。

（2）切应力沿矩形截面的宽度是均匀分布的，即距中性轴等距离各点的切应力大小相等。

基于上述假设，做进一步分析。

图 10-9（a）为矩形截面梁，现用 1-1、2-2 两个截面从梁上截取长度为 dx 的一小段，放大后如图 10-9（b）所示。由于截取部分的梁上没有荷载，所以 1-1、2-2 两个截面上的剪力相等，但截面上的弯矩不相等，分别为 M 和 $M+dM$。

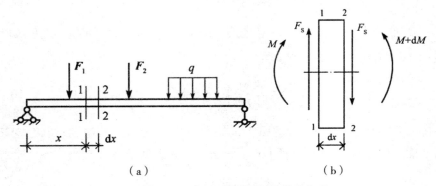

（a）　　　　　　　　　　　　（b）

图 10-9　矩形截面梁与其截取部分

1-1、2-2 两个截面上的应力分布如图 10-10（a）所示。假设截面 2-2 上的弯矩大于截面 1-1 上的弯矩，根据式（10-8）可知，两截面上同一 y 坐标点上的正应力不相等。用距中性层距离为 y 的水平截面 mm_1-nn_1 从被截取的部分梁上再截取一微长方体，如图 10-10（b）所示，作用在微长方体左右两侧截面上的内力 σdA 的合力分别为 F_{N1}^*、F_{N2}^*，根据静力学知识可知，$F_{N2}^* > F_{N1}^*$。由此可知，在微长方体的纵向截面 $m-n_1$ 上必然有沿 x 轴方向的切向内力 dF_s'，因此，在平行于中性层的纵向截面上存在着切应力 τ'。因为微长方体沿 x 轴平衡，所以 $\Sigma F_x = 0$，即

$$F_{N2}^* - F_{N1}^* - dF_s' = 0 \tag{10-14}$$

$$F_{N1}^* = \int_{A^*} \sigma_1 dA = \int_{A^*} \frac{My}{I_z} dA = \frac{M}{I_z} \int_{A^*} y dA = \frac{M}{I_z} S_z^* \tag{10-15}$$

$$F_{N2}^* = \int_{A^*} \sigma_2 dA = \int_{A^*} \frac{(M + dM)y}{I_z} dA = \frac{M + dM}{I_z} S_z^* \qquad (10\text{-}16)$$

式中，A^* 表示横截面上距中性轴 y 处的横线一侧部分的面积；S_z^* 表示横截面面积为 A^* 的部分对中性轴 z 的静矩。

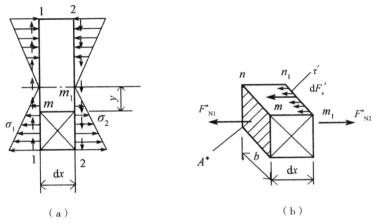

图 10-10　矩形截面梁上的切应力分析（1）

因为 dx 的长度很小，所以纵向平面 $m\text{-}n_1$ 的切应力 τ' 可以看作是均匀分布的，于是得到

$$dF_s' = \tau' b dx \qquad (10\text{-}17)$$

将式（10-15）~（10-17）代入式（10-14），可得

$$\frac{M + dM}{I_z} S_z^* - \frac{M}{I_z} S_z^* - \tau' b dx = 0$$

整理，得

$$\tau' = \frac{dM}{dx} \cdot \frac{S_z^*}{I_z b}$$

因 $\dfrac{dM}{dx} = F_s$，所以有

$$\tau' = \frac{F_s S_z^*}{I_z b} \qquad (10\text{-}16)$$

根据切应力互等定理，可知 $\tau' = \tau$，所以横截面上距中性轴 y 处的各点的切应力为

$$\tau = \frac{F_s S_z^*}{I_z b} \qquad (10\text{-}19)$$

式中，F_s 为横截面上的剪力；S_z^* 为所求切应力点处到截面边缘之间的部分截面对中性轴 z 的静矩；I_z 为横截面对中性轴 z 的惯性矩；b 为横截面所求切应力处的宽度。

由式（10-19）可以看出，由于 F_s、I_z、b 都是定值，所以切应力在横截面上的分布与静矩有关。

在如图 10-11（a）所示的矩形截面中，距中性轴 y 处的横线以下的截面对中性轴 z 的静矩为

$$S_z^* = A^* y_C^* = b\left(\frac{h}{2} - y\right)\left[y + \frac{1}{2}\left(\frac{h}{2} - y\right)\right] = \frac{b}{2}\left(\frac{h^2}{4} - y^2\right)$$

又有 $I_z = \dfrac{bh^3}{12}$，将 S_z^*、I_z 代入式（10-19），得

$$\tau = \frac{6F_s}{bh^3}\left(\frac{h^2}{4} - y^2\right) \qquad (10\text{-}20)$$

由式（10-20）可知，切应力沿截面高度按抛物线规律变化，其指向与剪力的指向相同，如图 10-11（b）所示。

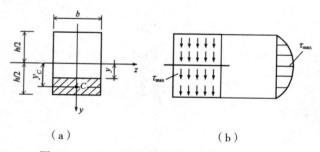

（a）　　　　　　　　　　　　（b）

图 10-11　矩形截面梁上的切应力分析（2）

在矩形截面的上、下边缘处，即 $y = \pm\dfrac{h}{2}$ 时，切应力为 0；当 $y = 0$ 时，截面中性轴上的切应力达到最大值，即

$$\tau_{max} = \frac{3}{2} \cdot \frac{F_s}{bh} = \frac{3}{2} \cdot \frac{F_s}{A} \qquad (10\text{-}21)$$

由式（10-21）可知，矩形截面梁的最大切应力为平均切应力的 1.5 倍。

2. 工字形截面梁上的切应力

工字形截面梁一般由中间腹板和上、下翼缘三部分组成。上、下翼缘两部分

上的切应力很小，腹板部分是一狭长的矩形，可以按照矩形截面梁的切应力公式进行计算。如图 10-12（a）（b）所示，工字形截面上有一剪力 F_s，距中性轴 y 处的切应力为

$$\tau = \frac{F_s S_z^*}{I_z b} \qquad (10-22)$$

式中，S_z^* 为距中性轴 y 处的横线以外部分截面对中性轴 z 的静矩；I_z 为整个横截面对中性轴 z 的惯性矩；d 为腹板的宽度。

由式（10-22）可知，在工字形截面梁的腹板上，切应力沿腹板高度仍按抛物线分布，如图 10-12（c）所示。切应力在中性轴上最大，且最大为

$$\tau_{max} = \frac{F_s S_{z,max}^*}{I_z b} \qquad (10-23)$$

式中，$S_{z,max}^*$ 为中性轴一侧的半个横截面对中性轴 z 的静矩。

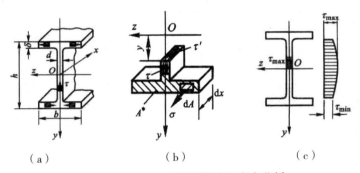

（a）   （b）   （c）

图 10-12 工字形截面梁的切应力分析

需要强调的是，虽然工字形截面梁上切应力的分布很复杂，但由于其作用非常小，所以在工程中可忽略不计。

3. 圆形截面梁和环形截面梁上的切应力

如图 10-13 所示，圆形截面梁横截面上的最大切应力在中性轴上，且沿中性轴均匀分布，其值为

$$\tau_{max} = \frac{4}{3} \cdot \frac{F_s}{A} \qquad (10-24)$$

由式（10-24）可知，圆形截面梁的最大切应力为平均切应力的 $\frac{4}{3}$ 倍。

如图 10-14 所示，环形截面梁截面上切应力的方向为沿圆环的切线方向，当圆环的半径远远大于圆环的厚度时，其最大切应力也在中性轴上，且沿中性轴均

匀分布，其值为

$$\tau_{\text{max}} = 2 \cdot \frac{F_s}{A} \quad\quad （10-25）$$

由式（10-25）可知，环形截面梁的最大切应力为平均切应力的 2 倍。

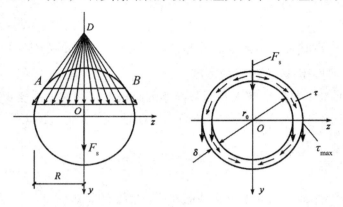

图 10-13　圆形截面梁的切应力分析　　　图 10-14　环形截面梁的切应力分析

10.4.2　梁的切应力强度计算

对于等截面直梁来说，最大切应力一般在最大剪力所在的中性轴上，此时，中性轴上各点处的正应力为零，由此可得切应力强度条件，即

$$\tau_{\text{max}} = \frac{F_{s,\text{max}} S_{z,\text{max}}^*}{I_z b} \leqslant [\tau] \quad\quad （10-26）$$

式中，$[\tau]$ 为材料的许用切应力。

在计算梁的强度时，由于正应力是主要的影响因素，所以很多时候只需要按照正应力强度条件计算即可，但有些特殊情况，如梁的跨度较短、梁沿某一方向的抗剪能力很差、梁的腹板高等，还需要按照切应力强度条件进行计算。

10.5　提高梁的抗弯曲强度的措施

10.5.1　提高抗弯截面系数

通过扩大截面面积的确可以提高梁的抗弯曲强度，但在实际应用中，这种做法的意义不大，所以需要在横截面面积不变的基础上，选择合理的截面形状，以此来提高梁的抗弯曲强度。

1.选择合理的截面形状

当梁的弯矩固定不变时，梁的截面形状的合理与否，通常用抗弯截面系数与截面面积的比值（W_z/A）来确定。比值越大的截面形状越合理。表 10-1 列出了几种典型的截面及其 W_z/A 值。

表 10-1　几种典型的截面及其 W_z/A 值

截面形状	圆形	环形	矩形	工字形
W_z/A 值	$0.125h$	$0.205h$	$0.167h$	（$0.27 \sim 0.31$）h

根据表 10-1 可知，在几种典型的截面中，工字形截面的 W_z/A 值最大，其次是环形和矩形截面，最小的是圆形截面。由此可见，工字形截面是最合理的截面形状，环形和矩形次之，圆形截面最不合理。

2.根据梁的材料性能选择截面形状

不同的材料，由于其性能不同，所选择的截面形状也存在差异。对于塑性材料来说，其抗压性能和抗拉性能相近，所以应选择上、下对称于中性轴的截面形状。对于脆性材料而言，其抗拉性能小于抗压性能，所以应选择上、下不对称于中性轴的截面形状，如图 10-15 所示。中性轴位置的确定必须使它的最大拉应力与最大压应力同时达到相应的许用应力。需要注意的是，该类构件的安放位置不能颠倒，否则会使梁的强度降低。

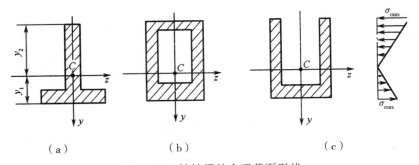

图 10-15　铸铁梁的合理截面形状

10.5.2 改善梁的受力方式和合理布置支座位置

减小梁的最大弯矩值也可以提高梁的抗弯曲强度。减小梁最大弯矩值的方法有改善梁的受力方式和合理布置支座位置。

1.改善梁的受力方式

如图 10-16 所示,将梁的受力方式由(a)转变为(b),使梁的载荷靠近一边的支座,可以使梁的最大弯矩值减小,从而使梁的抗弯曲强度得到提高。

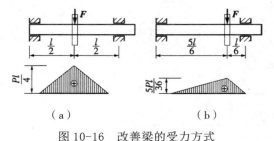

图 10-16 改善梁的受力方式

2.合理布置支座位置

合理布置支座的位置也可以减小梁的最大弯矩值。如图 10-17 所示,梁两端支座的位置由(a)转变到(b),即梁两端的支座向里移动 $0.2l$,则梁的最大弯矩值由 $\frac{1}{8}ql^2$ 减小为 $\frac{1}{40}ql^2$,后者只有前者的 $\frac{1}{5}$。

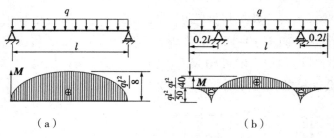

图 10-17 合理布置支座位置

10.6 弯曲变形与刚度计算

10.6.1 弯曲变形

在工程实际中,梁在载荷的作用下不能发生过大的弯曲变形,这就要求梁要有足够的刚度，否则便容易导致一系列问题。因此，需要研究梁弯曲变形的规律。

度量梁变形的基本物理量是挠度和转角。如图 10-18 所示，在梁上作用力 **F**，梁发生弯曲变形，梁上每个横截面的形心都产生了一定的位移，同时每个横截面绕其中性轴转动了不同的角度。

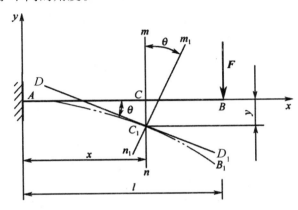

图 10-18   挠度和转角

当梁发生弯曲变形时，梁上任一横截面的形心在垂直于梁的轴线上发生的位移称为挠度，用 y 表示。以如图 10-18 所示的坐标系为例，当扰度向上时，y 为正值；扰度向下时，y 为负值。其实，当梁发生弯曲时，任一横截面的形心不仅在垂直于轴线方向产生了位移，还在轴线方向发生了位移，只是位移非常小，所以通常忽略不计。

当梁发生弯曲变形时，梁上任一横截面绕中性轴转过的角度称为该截面的转角，用 θ 表示。同样以如图 10-18 所示的坐标系为例，规定转角 θ 沿顺时针方向转时为负，反之为正。

当梁发生弯曲变形时，若将其各横截面上的形心连接起来，则形成一条平滑的平面曲线，该曲线称为挠曲线。在如图 10-18 所示的坐标系中，挠曲线可以用横截面坐标 x 的单值连续函数表示，即

$$y = f(x) \qquad\qquad （10-27）$$

式（10-27）称为挠曲线方程。

在图 10-18 中，过 C_1 点作挠曲线的切线 DD_1，切线与 x 轴的夹角为 θ，根据微分学可得

$$\tan \theta = \frac{\mathrm{d} y}{\mathrm{d} x} = y' \qquad\qquad （10-28）$$

由于 θ 很小，所以 $\tan \theta \approx \theta$，故有

$$\theta = \frac{\mathrm{d}y}{\mathrm{d}x} = y' \qquad\qquad (10\text{-}29)$$

式（10-29）称为转角方程。由该方程可知，梁的挠曲线上任一点的斜率等于该点处横截面的转角。

综上可知，当确定了梁的挠曲线方程后，便可以求出梁上任一截面的挠度和转角。

梁的挠曲线和梁的受力等因素有关。因此，为了得到挠曲线方程，必须建立变形与受力之间的关系。

在 10.3 节中，已经导出了纯弯曲梁的曲率表达式（10-7），将式中的 I_z 简写为 I，则该式变为

$$\frac{1}{\rho} = \frac{M}{EI}$$

上式表达了纯弯曲时梁的变形与受力之间的关系。在横力弯曲时梁横截面上除弯矩外，还有剪切力。但对于细长梁，剪切力 F_s 对变形的影响很小，可忽略不计，上式仍然成立。不过这时弯矩 M 和曲率 ρ 均随截面位置坐标 x 的变化而变化，故上式应改写成

$$\frac{1}{\rho(x)} = \frac{M(x)}{EI} \qquad\qquad (10\text{-}30)$$

式（10-30）即为直梁横力弯曲时挠曲线的曲率方程。

平面曲线 $y = f(x)$ 上任意点的曲率为

$$\frac{1}{\rho(x)} = \pm \frac{y''}{\left[1 + (y')^2\right]^{3/2}} \qquad\qquad (10\text{-}31)$$

由式（10-30）（10-31）可得

$$\pm \frac{y''}{\left[1 + (y')^2\right]^{3/2}} = \frac{M(x)}{EI} \qquad\qquad (10\text{-}32)$$

式（10-32）就是挠曲线微分方程，由此可求得梁的挠曲线方程。在小变形下，转角 $\theta = y'$ 非常小，$(y')^2$ 更远小于 1，故上式可简化为

$$\pm y'' = \frac{M(x)}{EI} \qquad\qquad (10\text{-}33)$$

至于式（10-33）左边的正负号，可由坐标系的选择和弯矩的符号规定来确定。在坐标 y 向上为正，以及"下凸弯曲正弯矩，上凸弯曲负弯矩"（图 10-19）的符号规定下，y'' 与 $M(x)$ 的正负号始终一致。因此，式（10-33）两边应取相同的符

号，于是有

$$y'' = \frac{M(x)}{EI} \tag{10-34}$$

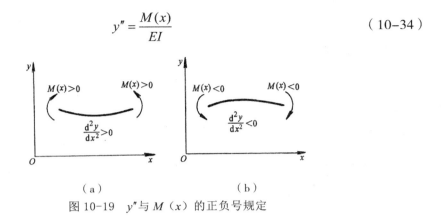

（a）　　　　　　　　　　（b）

图 10-19　y'' 与 $M(x)$ 的正负号规定

对于等截面直梁，抗弯刚度 EI 为常量，式（10-34）可改写成

$$EIy'' = M(x)$$

将上式两边各积分一次可得转角方程

$$EIy' = \int M(x)\,\mathrm{d}x + C \tag{10-35}$$

再积分一次，得挠度方程

$$EIy = \iint \big(M(x)\mathrm{d}x\big)\mathrm{d}x + Cx + D \tag{10-36}$$

式（10-35）和式（10-36）中的积分常数 C、D 可通过边界条件和连续性条件来确定。

所谓边界条件是指在梁的支座或某截面处位移为已知的条件。如在铰链支座处挠度等于零，在固定端处挠度和转角均等于零等。所谓连续性条件是指由于挠曲线是一条光滑连续的曲线，则在该曲线上任一点处应有唯一的转角和挠度。

根据边界条件和连续性条件确定了积分常数后，代回式（10-35）和式（10-36），即得到转角方程和挠度方程，从而便可确定梁上任意截面的转角和挠度。这就是积分法求梁变形的过程。

通常情况下，先建立挠曲线的近似微分方程，再使用积分运算求出挠度和转角，但这种方法比较麻烦，为了便于应用，一些常见梁的变形计算结果被汇总成表。表 10-2 列出了几种简单载荷作用下梁的变形计算公式。

表 10-2　几种简单载荷作用下梁的变形计算公式

梁的简图	挠曲线方程	端截面转角	最大挠度
	$y = -\dfrac{Fx^2}{6EI}(3l - x)$	$\theta_B = -\dfrac{Fl^2}{2EI}$	$y_B = -\dfrac{Fl^3}{3EI}$
	$y = -\dfrac{Mx^2}{2EI}$	$\theta_B = -\dfrac{Ml}{EI}$	$y_B = -\dfrac{Ml^2}{2EI}$
	$y = -\dfrac{qx^2}{24EI}\left(x^2 - 4lx + 6l^2\right)$	$\theta_B = -\dfrac{ql^3}{6EI}$	$y_B = -\dfrac{ql^4}{8EI}$
	$y = -\dfrac{qx}{24EI}\left(l^3 - 2lx^2 + x^3\right)$	$\theta_A = -\theta_B = -\dfrac{ql^3}{24EI}$	$y_{max} = -\dfrac{5ql^4}{384EI}$
	$y = -\dfrac{Fx}{48EI}\left(3l^2 - 4x^2\right)$ $\left(0 \leqslant x \leqslant \dfrac{l}{2}\right)$	$\theta_A = -\theta_B = -\dfrac{Fl^2}{16EI}$	$y_{max} = -\dfrac{Fl^3}{48EI}$

10.6.2　梁的刚度计算

研究梁弯曲变形的目的是对梁的刚度进行核验。在工程实际中，规定梁的最大挠度和最大转角不超过许用值，以避免梁因发生过大弯曲变形而导致事故。梁的刚度条件为

$$|y|_{max} \leqslant [y]$$
$$|\theta|_{max} \leqslant [\theta]$$

（10-37）

式中，$|y|_{max}$、$|\theta|_{max}$ 分别表示梁的最大挠度和最大转角的绝对值；$[y]$、$[\theta]$ 分别表示梁的许用挠度和许用转角。

在设计梁时，通常要先核验强度条件，再核验刚度条件，若刚度不满足要求，则需要重新设计。

思考题

1. 请问在什么情况下，梁会发生平面弯曲？

2. 什么是剪力？什么是弯矩？如何规定它们的正负号？

3. 在求梁任意截面的剪力和弯矩时，为什么不能选取集中力和集中力偶作用处的截面？

4. 最大弯矩所在的截面是否一定发生最大弯曲正应力，为什么？

5. 什么是中性层？什么是中性轴？如何确定其位置？

6. 什么是挠曲线？什么是挠度和转角？二者之间有什么关系？

习题

1. 图 10-20 为一外伸梁简化图，试用截面法求梁 $n-n$ 截面上的剪力和弯矩。

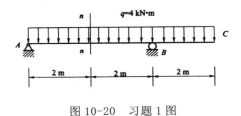

图 10-20　习题 1 图

2. 图 10-21（a）为一矩形截面简支梁的简化图，求 1-1 截面上 C、D 两点的正应力和切应力。1-1 截面如图 10-21（b）所示。

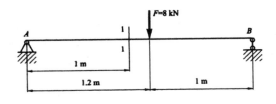

（a）

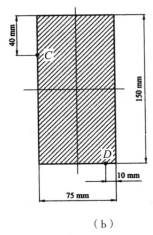

（b）

图 10-21　习题 2 图

3. 如图 10-22（a）所示，有一悬臂梁，梁长为 1m，在梁的 B 端有一大小为 20 kN 的力的作用。已知 $[\sigma]=140$ MPa。

（1）如果 $a=70\ \text{mm}$，试问该梁的强度是否满足要求？

（2）求设计截面尺寸 a 的最小值。

（3）如果选用工字钢，请问应该选择哪种型号？

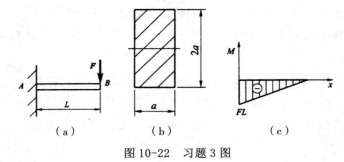

（a）　　　　　（b）　　　　　（c）

图 10-22　习题 3 图

第11章　应力状态与强度理论

11.1　应力状态概述

11.1.1　一点处应力状态的概念

前几章讨论了构件在压缩、拉伸、剪切等几种情况下横截面上的应力，并给出了只有正应力或切应力作用时的强度条件，但在工程实际中，由于应力状态非常复杂，无法用上述强度条件进行判断。例如，如图 11-1（a）所示的导轨在与滚轮接触时，导轨表层的微体 A 不仅在铅垂方向直接受压，还由于横向的膨胀受到周围材料的约束，其四侧也受压，即它处于三向受压状态，如图 11-1（b）所示。上述例子的受力情况非常复杂，为了有效解决复杂受力情况下的强度计算问题，需要对危险点处所有截面上的应力做进一步分析。受力构件中点的各个截面上应力情况的集合称为一点的应力状态。

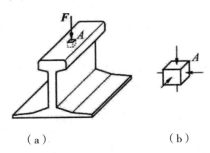

（a）　　　　　　　　（b）

图 11-1　导轨表层微体 A 的应力状态

11.1.2　一点处应力状态的描述

为了描述一点处的应力状态，可以在受力构件内围绕该点选取微小的正六面体，即单元体。对于单元体，可近似地认为它每个面上的应力都是均匀的，且相互平行的截面上的应力是相同的，所以可以用单元体上的应力状态表示一点处的应力状态。若单元体各面上的应力是已知的，则可以确定该点的应力状态，对于单元体任意斜截面上的应力，可用截面法求出。

研究如图 11-2、11-3 所示杆件内 A 点处的应力状态时，可用横截面、纵截面及与表面平行的截面截取，取出的单元体各面上的应力均为已知量，这样的单元体称为原始单元体。

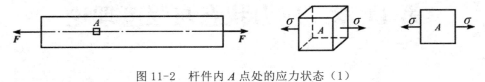

图 11-2　杆件内 A 点处的应力状态（1）

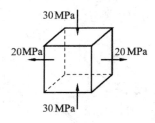

图 11-3　杆件内 A 点处的应力状态（2）

通常情况下，在原始单元体任何面上都同时存在着正应力 σ 和切应力 τ，当某个平面上的切应力为 0 时，该平面称为主平面，主平面上的正应力为主应力。对于受力构件而言，在其任意一点处总存在相互垂直的三个主平面，由这三个主平面组成的单元体称为主单元体。三个平面上的主应力一般用 σ_1、σ_2、σ_3 表示，并按代数值大小依次排列，即 $\sigma_1 \geq \sigma_2 \geq \sigma_3$。如图 11-4 所示，主单元体三个主应力分别为 $\sigma_1=20$ MPa、$\sigma_2=0$、$\sigma_3=-30$ MPa。

图 11-4　三个平面上的主应力

11.1.3　应力状态的分类

根据主应力情况的不同，一点处应力状态可分为如下三类。

（1）单向应力状态：指只有一个主应力不等于 0 的状态。

（2）二向应力状态（平面应力状态）：指两个主应力不等于 0 的状态。

（3）三向应力状态：指三个主应力不等于 0 的状态。

单向应力状态为简单应力状态，二向应力状态和三向应力状态为复杂应力状态。

11.2 二向应力状态

二向应力状态是常见的一种应力状态，分析二向应力状态的常用方法有解析法和图解法。

11.2.1 解析法

1.任意截面上的应力

在如图 11-5（a）所示的单元体上，平行于 z 轴取一截面 EF，该截面将单元体分割为如图 11-5（b）所示的两部分，以左部分为研究对象。左部分的受力图与几何尺寸如图 11-5（c）（d）所示。假设截面法线与 x 轴的夹角为 α，截面 EF 的面积为 $\mathrm{d}A$，则法向线 n 和切线 t 方向的平衡方程分别为

$$\sum F_n = \sigma_\alpha \mathrm{d}A + (\tau_{xy} \mathrm{d}A\cos\alpha)\sin\alpha - (\sigma_x \mathrm{d}A\cos\alpha)\cos\alpha +$$
$$(\tau_{yx} \mathrm{d}A\sin\alpha)\cos\alpha - (\sigma_y \mathrm{d}A\sin\alpha)\sin\alpha = 0$$

$$\sum F_t = \tau_\alpha \mathrm{d}A - (\tau_{xy} \mathrm{d}A\cos\alpha)\cos\alpha - (\sigma_x \mathrm{d}A\cos\alpha)\sin\alpha +$$
$$(\tau_{yx} \mathrm{d}A\sin\alpha)\sin\alpha + (\sigma_y \mathrm{d}A\sin\alpha)\cos\alpha = 0$$

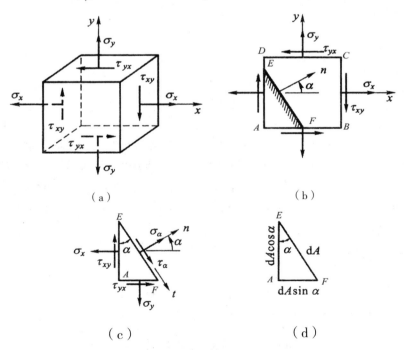

（a）　　　　　　　　　　　（b）

（c）　　　　　　　　　　　（d）

图 11-5　平面应力状态下斜截面上的应力

依据切应力互等原理，τ_{xy} 与 τ_{yx} 在数值上相等，所以可以用 τ_{xy} 代替 τ_{yx}，然后将上述平衡方程简化，得到

$$\sigma_\alpha = \sigma_x \cos^2 \alpha + \sigma_y \sin^2 \alpha - 2\tau_{xy} \sin \alpha \cos \alpha$$
$$= \frac{\sigma_x + \sigma_y}{2} + \frac{\sigma_x - \sigma_y}{2} \cos 2\alpha - \tau_{xy} \sin 2\alpha \tag{11-1}$$

$$\tau_\alpha = \frac{\sigma_x - \sigma_y}{2} \sin 2\alpha + \tau_{xy} \cos 2\alpha \tag{11-2}$$

依据式（11-1）（11-2）可求出 α 角为任意值时斜截面上的应力。同时也可以知道，斜截面上的正应力和切应力都会随 α 的变化而变化。

2. 主应力

依据式（11-1）可以确定主应力的极值及其所在平面的位置，将式（11-1）对 α 求导，可得

$$\frac{\mathrm{d}\sigma_\alpha}{\mathrm{d}\alpha} = -2\left(\frac{\sigma_x - \sigma_y}{2} \sin 2\alpha + \tau_{xy} \cos 2\alpha \right) \tag{11-3}$$

当 $\alpha = \alpha_0$ 时，导数 $\dfrac{\mathrm{d}\sigma_\alpha}{\mathrm{d}\alpha}$ 为零，则在 α_0 所确定的截面上，σ_α 为极值。将 α_0 代入式（11-3），并使其等于 0，可得

$$\frac{\sigma_x - \sigma_y}{2} \sin 2\alpha_0 + \tau_{xy} \cos 2\alpha_0 = 0 \tag{11-4}$$

则

$$\tan 2\alpha_0 = -\frac{2\tau_{xy}}{\sigma_x - \sigma_y} \tag{11-5}$$

依据式（11-5）可求出相差 90° 的两个角度 α_0，它们确定了相互垂直的两个平面，这两个平面分别为最大正应力和最小正应力所在的平面。通过比较式（11-2）和式（11-4）可知，要满足式（11-4）的 α_0 角，则需要使 $\tau_{\alpha0}=0$，即在正应力最大或最小的平面内，切应力应等于 0。这样便可以依据式（11-5）解出两个 α_0 确定的两个主平面的位置。

根据式（11-5），得

$$\cos 2\alpha_0 = \pm \frac{\sigma_x - \sigma_y}{\sqrt{\left(\sigma_x - \sigma_y \right)^2 + 4\tau_{xy}^2}}$$

$$\sin 2\alpha_0 = \mp \frac{2\tau_{xy}}{\sqrt{\left(\sigma_x - \sigma_y \right)^2 + 4\tau_{xy}^2}}$$

代入式（11-1），可得

$$
\begin{cases}
\sigma_{\max} = \dfrac{\sigma_x + \sigma_y}{2} + \sqrt{\left(\dfrac{\sigma_x - \sigma_y}{2}\right)^2 + \tau_{xy}{}^2} \\[4mm]
\sigma_{\min} = \dfrac{\sigma_x + \sigma_y}{2} - \sqrt{\left(\dfrac{\sigma_x - \sigma_y}{2}\right)^2 + \tau_{xy}{}^2}
\end{cases}
\tag{11-6}
$$

在计算主应力时，可直接运用式（11-6），无须重复上述步骤。

采用上述方法，可分析切应力的极值及其所在平面。将式（11-2）对 α 取导数，可得

$$
\frac{\mathrm{d}\tau_\alpha}{\mathrm{d}\alpha} = \left(\sigma_x - \sigma_y\right)\cos 2\alpha - 2\tau_{xy}\sin 2\alpha
\tag{11-7}
$$

若 $\alpha = \alpha_1$ 时，导数 $\dfrac{\mathrm{d}\tau_\alpha}{\mathrm{d}\alpha}$ 为零，则在 α_1 所确定的截面上，τ_α 为极值。将 α_1 代入式（11-7），并使其等于 0，可得

$$
\left(\sigma_x - \sigma_y\right)\cos 2\alpha_1 - 2\tau_{xy}\sin 2\alpha_1 = 0
$$

$$
\tan 2\alpha_1 = \frac{\sigma_x - \sigma_y}{2\tau_{xy}}
\tag{11-8}
$$

依据式（11-8）可求出相差 90° 的两个 α_1，它们确定了相互垂直的两个平面，这两个平面分别为最大切应力和最小切应力所在的平面。根据式（11-8）求出 $\sin 2\alpha_1$ 和 $\cos 2\alpha_1$，代入式（11-2），求出最大切应力和最小切应力，分别为

$$
\begin{cases}
\tau_{\max} = \sqrt{\left(\dfrac{\sigma_x - \sigma_y}{2}\right)^2 + \tau_{xy}^2} \\[4mm]
\tau_{\min} = -\sqrt{\left(\dfrac{\sigma_x - \sigma_y}{2}\right)^2 + \tau_{xy}^2}
\end{cases}
\tag{11-9}
$$

依据式（11-9）可直接确定切应力的极值，无须重复上述步骤。

将式（11-5）与式（11-8）进行比较，可知

$$
\tan 2\alpha_0 = -\frac{1}{\tan 2\alpha_1}
$$

故有 $2\alpha_1 = 2\alpha_0 + \dfrac{\pi}{2}$，$\alpha_1 = \alpha_0 + \dfrac{\pi}{4}$。这说明最大切应力与最小切应力所在的平面与主平面的夹角为 45°。

11.2.2 图解法

1. 应力圆方程

整理式（11-1）（11-2），消去参变量 2α 后，可得

$$\left(\sigma_\alpha - \frac{\sigma_x + \sigma_y}{2}\right)^2 + \left(\tau_\alpha - 0\right)^2 = \left(\frac{\sigma_x - \sigma_y}{2}\right)^2 + \tau_{xy}^2 \qquad （11-10）$$

式（11-10）为圆的方程，若以 σ 为横坐标，τ 为纵坐标，则该圆的圆心坐标为 $\left(\dfrac{\sigma_x + \sigma_y}{2}, 0\right)$，半径为 $R = \sqrt{\left(\dfrac{\sigma_x - \sigma_y}{2}\right)^2 + \tau_{xy}^2}$，这一圆称为应力圆。由于应力圆最早是由德国工程师莫尔（Mohr.O）提出的，所以它又称为莫尔应力圆，简称莫尔圆。

2. 应力圆的画法

以如图 11-6（a）所示的单元体为例，首先建立 σ–τ 直角坐标系，按一定比例尺量取 $\overline{OA} = \sigma_x$，$\overline{AD} = \tau_{xy}$，确定 D 点，如图 11-6（b）所示。D 点的坐标代表以 x 为法线的面上的应力。量取 $\overline{OB} = \sigma_y$，$\overline{BD'} = \tau_{yx}$，确定 D' 点。连接 D 点与 D' 点，其连线与横坐标轴相交于 C 点。如果以 C 点为圆心，CD 为半径作圆，由于圆心 C 的纵坐标为零，OC 和圆半径 CD 又分别为

$$\overline{OC} = \frac{1}{2}\left(\overline{OA} + \overline{OB}\right) = \frac{\sigma_x + \sigma_y}{2}$$

$$\overline{CD} = \sqrt{\overline{CA}^2 + \overline{AD}^2} = \sqrt{\left(\frac{\sigma_x - \sigma_y}{2}\right)^2 + \tau_{xy}^2}$$

所以这一圆就是该单元体的应力圆。

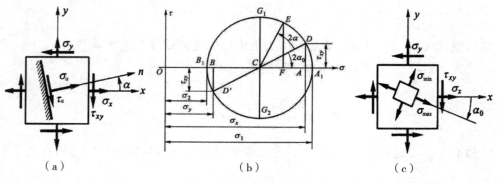

（a）　　　　　　　　　　（b）　　　　　　　　　　（c）

图 11-6　应力圆的画法

3. 应力圆的应用

（1）二向应力状态单元体与其应力圆的对应关系。

①点面对应。应力圆上某一点的坐标值对应着单元体相应截面上的正应力和切应力值。

②转向对应。当应力圆旋转时，应力圆半径端点的坐标也随之发生变化，单元体上斜截面的法线也需要沿相同方向旋转，以保证斜截面上的应力与应力圆上半径端点的坐标相对应。

③两倍角对应。假设单元体上任意两斜截面的外法线的夹角为 α，则对应应力圆上代表两斜截面上应力的两点之间的圆弧所对应的圆心角为 2α。

（2）应用应力圆确定单元体任一斜截面上的应力。依据上述对应关系，可以根据画出的应力圆确定单元体任一斜截面上的应力。如图 11-6（a）（b）所示，如果要求法线 n 与 x 轴的夹角为逆时针 α 角的斜截面上的应力，则 σ_α、τ_α 在应力圆上，从 D 点也按逆时针方向沿圆周转到 E 点，且使弧 DE 所对应的圆心角为 2α，则 E 点的坐标就表示以 n 为法线的斜截面上的应力 σ_α、τ_α。

证明：

$$\overline{OF} = \overline{OC} + \overline{CE}\cos\left(2\alpha_0 + 2\alpha\right)$$
$$= \overline{OC} + \overline{CE}\cos 2\alpha\cos 2\alpha_0 - \overline{CE}\sin 2\alpha\sin 2\alpha_0$$
$$\overline{FE} = \overline{CE}\sin\left(2\alpha_0 + 2\alpha\right)$$
$$= \overline{CE}\sin 2\alpha_0\cos 2\alpha + \overline{CE}\cos 2\alpha_0\sin 2\alpha$$

因为 $\overline{CE} = \overline{CD}$，所以

$$\overline{CE}\cos 2\alpha_0 = \overline{CD}\cos 2\alpha_0 = \overline{CA} = \frac{\sigma_x - \sigma_y}{2}$$

$$\overline{CE}\sin 2\alpha_0 = \overline{CD}\sin 2\alpha_0 = \overline{AD} = \tau_{xy}$$

所以

$$\overline{OF} = \frac{\sigma_x + \sigma_y}{2} + \frac{\sigma_x - \sigma_y}{2}\cos 2\alpha - \tau_{xy}\sin 2\alpha$$

$$\overline{FE} = \frac{\sigma_x - \sigma_y}{2}\sin 2\alpha + \tau_{xy}\cos 2\alpha$$

与式（11-1）（11-2）比较，可知 $\overline{OF} = \sigma_\alpha$，$\overline{FE} = \tau_\alpha$，证毕。

（3）确定主平面位置和主应力的数值。在坐标系中，横坐标表示正应力，由

于应力圆上 A_1 点的横坐标大于其他点的横坐标，所以 A_1 点的横坐标代表最大主应力，为

$$\sigma_{\max} = \overline{OA_1} = \overline{OC} + \overline{CA_1}$$

同理，B_1 点的横坐标代表最小主应力，为

$$\sigma_{\min} = \overline{OB_1} = \overline{OC} - \overline{CB_1}$$

$\overline{OC}$ 是应力圆的圆心横坐标，$\overline{CA_1}$ 和 $\overline{CB_2}$ 都是应力圆的半径，则

$$\begin{cases} \sigma_{\max} = \dfrac{\sigma_x + \sigma_y}{2} + \sqrt{\left(\dfrac{\sigma_x - \sigma_y}{2}\right)^2 + \tau_{xy}^2} \\[4mm] \sigma_{\min} = \dfrac{\sigma_x + \sigma_y}{2} - \sqrt{\left(\dfrac{\sigma_x - \sigma_y}{2}\right)^2 + \tau_{xy}^2} \end{cases}$$

在应力圆上由 D 点到 A_1 点顺时针作对应圆心角为 $2\alpha_0$ 的圆弧，在单元体上（图 11-6（c））由 x 轴也按顺时针方向取 α_0，便确定了 $\sigma_{\max}$ 所在的主平面的法线位置。由于顺时针的 α_0 是负值，所以 $\tan 2\alpha_0$ 也是负值，根据图 11-6（b）可知

$$\tan 2\alpha_0 = -\frac{\overline{AD}}{\overline{CA}} = \frac{-2\tau_{xy}}{\sigma_x - \sigma_y}$$

（4）确定最大切应力的数值及其作用平面的位置。在坐标系中，纵坐标表示切应力，根据图 11-6（b）可知，G_1 点的纵坐标代表最大切应力，G_2 点的纵坐标代表最小切应力，因为 $\overline{CG_1}$ 和 $\overline{CG_2}$ 都是应力圆半径，所以

$$\begin{cases} \tau_{\max} = \dfrac{\sigma_{\max} - \sigma_{\min}}{2} \\[4mm] \tau_{\min} = -\dfrac{\sigma_{\max} - \sigma_{\min}}{2} \end{cases}$$

在应力圆上，从 A_1 到 G_1 对应的圆心角为逆时针方向，相对应的，单元体内最大切应力所在平面与最大正应力所在平面的夹角也为逆时针方向。

11.3　三向应力状态

在工程实际中，也有单元体处于三向应力状态的情况，本节主要针对这一情况进行分析。

11.3.1　三向应力圆

在如图 11-7（a）所示的单元体中，三个主应力分别为 σ_1、σ_2 和 σ_3。

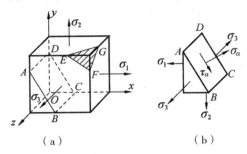

（a）　　　　　　　　　（b）

图 11-7　三向应力状态

斜截面 $ABCD$ 与主应力 σ_3 平行，首先分析该斜截面上的应力。由图 11-7（b）可以看出，斜截面 $ABCD$ 上的应力只与 σ_1、σ_2 有关。因此，在 σ-τ 平面内，与斜截面 $ABCD$ 对应的点必然位于由 σ_1 与 σ_2 所确定的应力圆上，如图 11-8 所示。同理，平行于 σ_1（σ_2）的截面上的应力，与 σ_2、σ_3（σ_1、σ_3）有关，所以该截面上的应力可以根据 σ_2、σ_3（σ_1、σ_3）所画的应力圆确定。

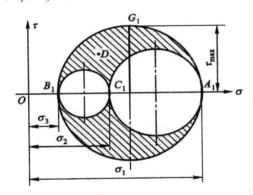

图 11-8　三向应力状态的应力圆

由进一步的研究结果可知，对于与三个主应力均不平行的任意斜截面，如图 11-7（a）中的 EFG，这类斜截面上的应力可用图 11-8 中阴影范围内的点来表示。

11.3.2 最大应力

由前文可知，在 σ-τ 平面内，代表任一截面上应力的点，或位于上述三个圆所构成的阴影范围内，或位于应力圆上。则最大正应力和最小正应力分别为

$$\begin{cases} \sigma_{\max} = \sigma_1 \\ \sigma_{\min} = \sigma_3 \end{cases}$$

最大切应力为最大圆的半径，即

$$\tau_{\max} = \frac{\sigma_1 - \sigma_3}{2} \tag{11-11}$$

最大切应力位于与 σ_1、σ_3 均成 45° 角的截面上。

上述结论对于单向应力状态和二向应力状态均适用。

【例 11-1】一单元体及其应力状态如图 11-9（a）所示，求三个主应力和最大切应力。

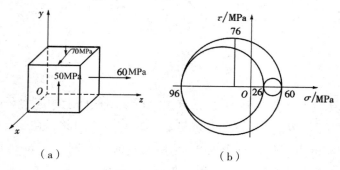

（a）　　　　　　　　　　（b）

图 11-9　例 11-1 图

【解】（1）求三个主应力。因为左、右两个切面上没有切应力，所以为主平面，主平面上的正应力为主应力，大小为 σ_z=60 MPa。在 xy 平面内，σ_x=0，σ_y=-70 MPa，τ_{xy}=-50 MPa。

根据式（11-6），可得

$$\sigma_{\max} = \frac{\sigma_x + \sigma_y}{2} + \sqrt{\left(\frac{\sigma_x - \sigma_y}{2}\right)^2 + \tau_{xy}{}^2}$$

$$= \frac{0 + (-70)}{2} + \sqrt{\left[\frac{0 - (-70)}{2}\right]^2 + (-50)^2}$$

$$\approx 26 \text{ Mpa}$$

$$\sigma_{\min} = \frac{\sigma_x + \sigma_y}{2} - \sqrt{\left(\frac{\sigma_x - \sigma_y}{2}\right)^2 + \tau_{xy}^2}$$

$$= \frac{0 + (-70)}{2} - \sqrt{\left[\frac{0 - (-70)}{2}\right]^2 + (-50)^2}$$

$$\approx -96 \text{ MPa}$$

主应力的排列顺序为 $\sigma_1 \geqslant \sigma_2 \geqslant \sigma_3$，由此，三个主应力分别为

$$\sigma_1 = 60 \text{ MPa}, \quad \sigma_2 = 26 \text{ MPa}, \quad \sigma_3 = -96 \text{ MPa}$$

（2）求最大切应力。

依据式（11-1），可得

$$\tau_{\max} = \frac{\sigma_1 - \sigma_3}{2} = \frac{60 - (-96)}{2} \text{ MPa} = 78 \text{ MPa}$$

11.4　广义胡克定律

在讨论杆件单向拉伸或压缩时，根据试验结果可知，在线弹性范围内，正应力与线应变的关系为

$$\sigma = E\varepsilon \text{ 或 } \varepsilon = \frac{\sigma}{E}$$

这便是胡克定律。

轴向变形还可以引起横向尺寸的变化，横向应变可表示为

$$\varepsilon' = -\mu\varepsilon = -\frac{\mu\sigma}{E}$$

主单元体及三个主应力如图 11-10 所示，现研究正应力与线应变的关系。

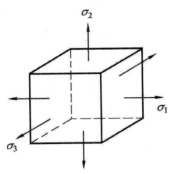

图 11-10　主单元体与作用在单元体上的三个主应力

对于各向同性材料而言，在线弹性范围内，可以将它看作是三个单向应力状态的组合，然后应用叠加原理求线应变。当只有 σ_1 单独作用时，沿 σ_1 方向的线应变为 $\dfrac{\sigma_1}{E}$；当只有 σ_2 或 σ_3 作用时，沿 σ_1 方向的线应变分别为 $-\dfrac{\mu\sigma_2}{E}$ 与 $-\dfrac{\mu\sigma_3}{E}$。将上述结果叠加，可以得到沿 σ_1 方向的总应变，即

$$\varepsilon_1 = \frac{\sigma_1}{E} - \mu\frac{\sigma_2}{E} - \mu\frac{\sigma_3}{E}$$

采用上述方法，可以求出沿 σ_2 和 σ_3 方向的总应变，将 3 个方向的总应变写到一起，可得

$$\begin{cases} \varepsilon_1 = \dfrac{1}{E}\big[\sigma_1 - \mu(\sigma_2 + \sigma_3)\big] \\[2mm] \varepsilon_2 = \dfrac{1}{E}\big[\sigma_2 - \mu(\sigma_1 + \sigma_3)\big] \\[2mm] \varepsilon_3 = \dfrac{1}{E}\big[\sigma_3 - \mu(\sigma_1 + \sigma_2)\big] \end{cases} \tag{11-12}$$

这便是用主应力表示的广义胡克定律，ε_1、ε_2、ε_3 分别与三个主应力对应，所以称为主应变。

对于各向同性材料，当在线弹性范围内，且为小变形时，主应力不会引起切应变，切应力也不会引起线应变。因此，对于其他情况下的单元体，如图 11-11 所示，只要将式（11-12）中的 1、2、3 替换为 x、y、z，将切应力用剪切胡克定律表示，便可以得到一般空间应力状态下的广义胡克定律，即

$$\begin{cases} \varepsilon_x = \dfrac{1}{E}\big[\sigma_x - \mu(\sigma_y + \sigma_z)\big] \\[2mm] \varepsilon_y = \dfrac{1}{E}\big[\sigma_y - \mu(\sigma_z + \sigma_x)\big] \\[2mm] \varepsilon_z = \dfrac{1}{E}\big[\sigma_z - \mu(\sigma_x + \sigma_y)\big] \\[2mm] \gamma_{xy} = \dfrac{\tau_{xy}}{G} \\[2mm] \gamma_{yz} = \dfrac{\tau_{yz}}{G} \\[2mm] \gamma_{zx} = \dfrac{\tau_{zx}}{G} \end{cases} \tag{11-13}$$

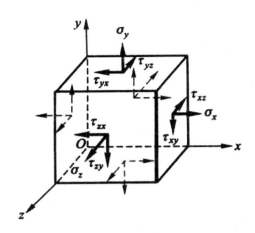

图 11-11　其他情况下的单元体

在应用公式时，如果是压应力或压应变，代入的数值应为负。此外，如果是各向异性材料，其情况要复杂得多。

对于同一种各向同性材料来说，广义胡克定律中的三个弹性常数的关系为

$$G = \frac{E}{2(1+\mu)}$$

由于大多数各向同性材料的泊松比为 $0 \sim 0.5$，所以切变模量 G 的范围为 $\frac{E}{3}$ $\sim \frac{E}{2}$。

当物体发生弹性变形时，物体的体积通常也会发生变化，单元体体积的变化率称为体积应变，用 θ 表示。以图 11-10 所示的单元体为例，各边尺寸分别为 $\mathrm{d}x$、$\mathrm{d}y$、$\mathrm{d}z$，在变形发生之前，其体积为

$$V = \mathrm{d}x\mathrm{d}y\mathrm{d}z$$

发生变形后，各边长变为 $(1+\varepsilon_1)\mathrm{d}x$、$(1+\varepsilon_2)\mathrm{d}y$、$(1+\varepsilon_3)\mathrm{d}z$，体积则变为

$$V_1 = (1+\varepsilon_1)(1+\varepsilon_2)(1+\varepsilon_3)\mathrm{d}x\mathrm{d}y\mathrm{d}z$$

公式中略去高阶小量，可得体积应变 θ 为

$$\theta = \frac{V_1 - V}{V} = \varepsilon_1 + \varepsilon_2 + \varepsilon_3$$

将广义胡克定律带入上式，可得

$$\theta = \frac{1-2\mu}{E}(\sigma_1 + \sigma_2 + \sigma_3) \tag{11-14}$$

上式可改写为

$$\theta = \frac{3(1-2\mu)}{E} \cdot \frac{\sigma_1 + \sigma_2 + \sigma_3}{3} = \frac{\sigma_{\mathrm{m}}}{K} \qquad (11\text{-}15)$$

式（11-15）中，有

$$K = \frac{E}{3(1-2\mu)}$$

$$\sigma_{\mathrm{m}} = \frac{\sigma_1 + \sigma_2 + \sigma_3}{3}$$

其中，K 称为体积弹性模量；σ_{m} 为三个主应力的平均值。由式（11-15）可知，物体的体积应变与三个主应力的平均值成正比，且体积应变只与三个主应力的平均值有关，这便是体积胡克定律。

在纯剪切应力状态下，单元体只有形状改变，不发生体积变化。

11.5　强度理论及其应用

11.5.1　强度理论

1. 强度理论概述

对于不同的材料，因强度不足而引起失效的现象也是不同的。比如，铸铁的失效现象通常是突然断裂。通常情况下，在单向应力状态下，失效的强度条件都是以试验为基础的。当然，由于实际情况下构件的应力状态是复杂的，基于当前的技术条件，往往需要进行非常繁重的计算，所以一般是基于部分试验结果提出假说，进而设置强度条件。

失效现象虽然各有不同，但通过归纳，可概括为屈服和断裂两种情况。同时，人们在生产活动中发现，材料的失效具有一定的规律，即某种类型的失效往往是由同一因素引起的。人们把在复杂应力状态下观察到的失效现象同材料在单向应力状态下的试验结果进行对比分析，将材料在单向应力状态下达到危险状态的某一因素作为衡量材料在复杂应力状态下达到危险状态的准则，先后提出了关于材料失效原因的多种假说，这些与试验结果相符合的假说就称为强度理论。

强度理论可分为两类：一类是解释断裂失效的，主要有最大拉应力理论和最大拉应变理论；另一类是解释塑性屈服的，主要有最大切应力理论和形状改变比能理论。

迄今为止，人们提出了很多强度理论，常用的有四种，下面主要介绍这四种强度理论。

2. 四种常用强度理论

（1）最大拉应力理论（第一强度理论）。该理论认为，引起材料断裂失效的主要因素是最大拉应力，即无论材料处于怎样的应力状态，当拉应力达到一定值后，便会使材料发生断裂失效。由此可知，材料发生断裂失效的条件为

$$\sigma_1 = \sigma_b$$

相应的强度条件为

$$\sigma_1 \leqslant [\sigma] = \frac{\sigma_b}{n} \qquad\qquad （11-15）$$

式中，σ_1 为构件危险点处的最大拉应力；$[\sigma]$ 为单向拉伸时材料的许用应力；σ_b 为材料的强度极限；n 为对应的安全系数。

对于脆性材料，如陶瓷、铸铁等，在单向、二向或三向拉断时，该理论与试验的结果基本一致。如果存在压应力，只有最大压应力不超过最大拉应力时，该理论才正确。对于压缩应力状态，因为不存在拉应力，所以该理论无法使用。该理论也没有考虑其他两个主应力对断裂失效的影响。

（2）最大拉应变理论（第二强度理论）。该理论认为，引起材料断裂失效的主要因素是最大拉应变，即无论材料处于怎样的应力状态，当最大拉应变 ε_1 达到单向拉伸断裂时的最大拉应变 ε_1^0 时，材料发生断裂失效。由此可知，材料发生断裂失效的条件为

$$\varepsilon_1 = \varepsilon_1^0$$

对于脆性材料来说，因为从受力到断裂，其应力与应变关系都符合胡克定律，所以其强度条件可写为

$$\sigma_1 - \mu(\sigma_2 + \sigma_3) \leqslant [\sigma] = \frac{\sigma_b}{n} \qquad\qquad （11-17）$$

式中，μ 为材料的泊松比。

对于脆性材料，如石料、铸铁等，在二向拉伸－压缩应力状态下，且应力的绝对值较大时，该理论与试验结果较为接近。

（3）最大切应力理论（第三强度理论）。该理论认为，引起材料屈服破坏的主要因素是最大切应力，即无论材料处于怎样的应力状态，当最大切应力 τ_{max} 达到材料单向拉伸屈服时的最大切应力 τ_{max}^0 时，材料便发生屈服破坏。由此可知，材料的屈服条件为

$$\tau_{max} = \tau_{max}^0$$

相应的强度条件为

$$\sigma_1 - \sigma_3 \leqslant [\sigma] \tag{11-18}$$

对于塑性材料，如铜、铝、45钢等，该理论与试验结果较为接近。

（4）形状改变比能理论（第四强度理论）。该理论认为，使材料发生塑性屈服的主要因素是其形状改变比能，即无论材料处于怎样的应力状态，当其形状改变比能达到某一极限值时，便会导致材料出现塑性屈服。形状改变比能极限值可以通过简单的拉伸试验测定。由于推导过程非常复杂，在此直接给出强度条件，即

$$\sqrt{\frac{1}{2}\left[(\sigma_1 - \sigma_2)^2 + (\sigma_2 - \sigma_3)^2 + (\sigma_3 - \sigma_1)^2\right]} \leqslant [\sigma] \tag{11-19}$$

对于塑性材料，如铜、铝、钢材等，该理论比第三强度理论更接近试验结果。

11.5.2 强度理论的应用

在工程实际中，应用强度理论时，需要考虑其适用范围。对于脆性材料而言，通常发生脆性断裂，所以应选择第一或第二强度理论；对于塑性材料而言，通常发生塑性屈服，所以应选择第三或第四理论。此外，材料破坏失效不仅与材料本身的性质有关，还与材料所处的应力状态、温度等因素有关。比如，在低温状态下，材料更容易发生脆性断裂。因此，在工程实际中，应结合材料可能发生的失效形式，选择适当的强度理论。

为了便于将常用强度理论的强度条件表示成统一的形式，通常将与许用应力 $[\sigma]$ 进行比较的应力组合称为相当应力，用 σ_r 表示。上述四种常用强度理论的强度条件可统一写为

$$\sigma_{ri} \leqslant [\sigma] \quad (i = 1, 2, 3, 4) \tag{11-20}$$

即

$$\begin{cases} \sigma_{r1} = \sigma_1 \\ \sigma_{r2} = \sigma_1 - \mu(\sigma_2 + \sigma_3) \\ \sigma_{r3} = \sigma_1 - \sigma_3 \\ \sigma_{r4} = \sqrt{\dfrac{1}{2}\left[(\sigma_1 - \sigma_2)^2 + (\sigma_2 - \sigma_3)^2 + (\sigma_1 - \sigma_3)^2\right]} \end{cases}$$

思考题

1.一点处应力状态的概念是什么？研究它的意义是什么？

2.什么是主应力，它和正应力有什么不同？

3.使用什么公式可以计算二向应力状态的最大切应力？

4.如图 11-12 所示的单元体，分别为哪一类应力状态？

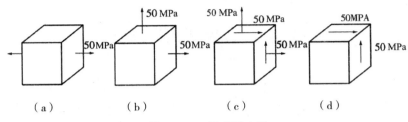

（a）　　　　　　（b）　　　　　　（c）　　　　　　（d）

图 11-12　思考题 4 图

习题

1.有如图 11-13 所示的两个单元体（单位：MPa），其各表面应力情况见图，求这两种情况下的最大正应力和最大切应力。

2.有一脆性材料，其许用拉应力和泊松比都已知，请根据第一强度理论和第二强度理论确定纯剪切时的许用切应力。

3.图 11-14 所示单元之体为铸铁材料，已知该铸铁的许用拉应力为 40 MPa，其危险点处单元体的受力情况如图所示，请校核其强度。

图 11-13　习题 1 图　　　　　图 11-14　习题 3 图

第12章 组合变形

12.1 组合变形的概念

本书前几章研究了几种基本变形，如拉伸、压缩、扭转、弯曲等，在工程实际中，一些构件在外力的作用下，常常会同时产生两种或多种基本变形，这种情况称为组合变形。

如图12-1（a）所示，在厂房的柱子上有一个起吊装置，在起吊重物时，屋架和起吊装置传递给两边柱子的荷载 F_1、F_2 的合力一般不与柱子的轴线重合，而是有偏心的，如图12-1（b）中的 e_1 和 e_2。若将合力简化到轴线上，则附加力偶 F_1e_1、F_2e_2 将引起纯弯曲，这种情况是轴向压缩和弯曲共同作用的结果。

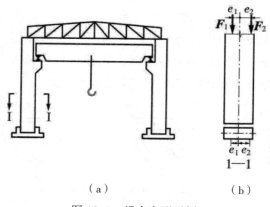

（a） （b）

图12-1 组合变形示例

12.2 拉伸（或压缩）与弯曲的组合变形

在诸多类型的组合变形中，拉伸（或压缩）与弯曲的组合变形非常常见。如果构件的材料服从胡克定律，且发生的变形为小变形，那么构件即便同时发生几种基本变形，它们相互之间是互不影响的。因此，在分析构件的组合变形时，可以先分别分析每一种基本变形，再进行叠加，这便是叠加原理。

如图 12-2（a）所示，一矩形截面杆的一端为固定端，另一端为自由端，在其自由端作用一力 **F**，作用位置如图 12-2（a）所示，力与杆轴线的夹角为 α。

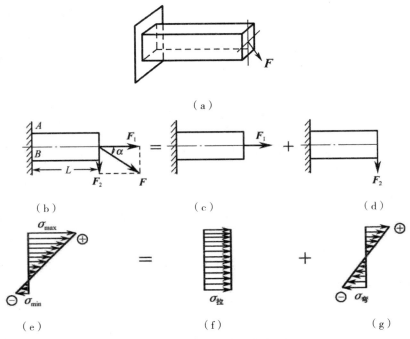

图 12-2　拉伸与弯曲组合变形

将力 **F** 沿杆的轴线和与轴线垂直的方向分解为力 **F**$_1$ 和 **F**$_2$，如图 12-2（b）（c）（d）所示。由此可得

$$F_1 = F\cos \alpha$$

$$F_2 = F\sin \alpha$$

在力 **F**$_1$ 的作用下，杆发生拉伸变形。其各横截面上的轴力 **F**$_N$ 相同，且都等于 **F**$_1$。与此同时，横截面上的拉伸正应力是均匀分布的，如图 12-2（f）所示，其值 $\sigma_拉 = \dfrac{F_N}{A} = \dfrac{F_1}{A}$。

在力 **F**$_2$ 的作用下，杆发生弯曲变形，其固定端横截面上的弯矩最大，其值 $M_{max} = F_2 L$。固定端横截面上、下边缘的弯曲正应力的绝对值也最大，如图 12-2（g）所示，即 $\sigma_弯 = \dfrac{M_{max}}{W_z}$。

当 $\sigma_拉 < \sigma_弯$ 时，依据叠加原理，作出杆固定端横截面上的总正应力分布图，如

图 12-2（e）所示。由此可求得 A、B 两处正应力的数值，即

$$\begin{cases} \sigma_{max} = \dfrac{F_1}{A} + \dfrac{M_{max}}{W_z} \\[3mm] \sigma_{min} = \dfrac{F_1}{A} - \dfrac{M_{max}}{W_z} \end{cases} \qquad (12\text{-}1)$$

由式（12-1）可知，杆固定端横截面属于危险截面，其边缘上各点属于危险点。叠加后的应力状态仍旧是单向应力状态，其强度条件为

$$\sigma_{max} = \dfrac{F_1}{A} + \dfrac{M_{max}}{W_z} \leqslant [\sigma] \qquad (12\text{-}2)$$

若作用在杆上的力 $\boldsymbol{F}_1$ 是压力，而非拉力，则固定端 A、B 两处的应力分别为

$$\begin{cases} \sigma_{max} = -\dfrac{F_1}{A} + \dfrac{M_{max}}{W_z} \\[3mm] \sigma_{min} = -\dfrac{F_1}{A} - \dfrac{M_{max}}{W_z} \end{cases} \qquad (12\text{-}3)$$

由式（12-3）可知，固定端横截面仍旧是危险截面，其危险点则变为了下边缘上的各点。其强度条件为

$$|\sigma_{min}| = \left| -\dfrac{F_1}{A} - \dfrac{M_{max}}{W_z} \right| \leqslant [\sigma] \qquad (12\text{-}4)$$

需要注意的是，对于杆件截面形状对中性轴不对称的情况，需要另行讨论。此外，上述讨论也适用于其他支座和载荷情况下杆的拉伸或压缩与弯曲的组合变形。

【例 12-1】如图 12-3 所示，一烟筒高 40 m，外径 D=3 m，内径 d=1.6 m，自重 W=3 000 kN。已知侧向风压截荷为 q=1.5 kN/m，砌体的许用压应力 $[\sigma_c]$=1.3 MPa。请校核该烟筒的强度。

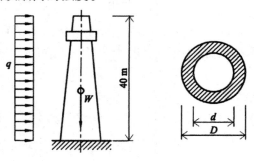

图 12-3　例 12-1 图

【解】在烟筒自重和侧向风压的作用下，烟筒会发生组合变形，底面为危险截

面，最大压应力点在底面的右边缘。

（1）内力计算：

$$F_N = W = 3\,000 \text{ kN}$$

弯矩最大值在底面，数值为

$$M_{max} = \frac{qh^2}{2} = \frac{1}{2} \times 1.5 \times 40^2 \text{kN} \cdot \text{m} = 1\,200 \text{ kN} \cdot \text{m}$$

（2）几何参数计算：

内外径、底面积和抗弯截面模量分别为

$$\alpha = \frac{d}{D} \approx 0.533$$

$$A = \frac{\pi}{4}\left(D^2 - d^2\right) = \frac{\pi}{4}\left(3^2 - 1.6^2\right)\text{m}^2 \approx 5 \text{ m}^2$$

$$W_z = \frac{\pi}{32}D^3\left(1 - \alpha^4\right) \approx \frac{\pi}{32} \times 3^3 \times \left(1 - 0.533^4\right)\text{m}^3 \approx 2.4 \text{ m}^3$$

（3）强度计算：

根据强度条件，可得

$$\left|\sigma_{min}\right| = \left|-\frac{F_N}{A} - \frac{M_{max}}{W_z}\right| = \left|-\frac{3 \times 10^3 \times 10^3}{5 \times 10^6} - \frac{1\,200 \times 10^6}{2.4 \times 10^9}\right|\text{MPa}$$

$$= 1.1 \text{ MPa} < \left[\sigma_c\right] = 1.3 \text{ MPa}$$

由此可知，烟筒满足强度条件。

底面左边缘的最大压应力为

$$\sigma_{max} = (-0.6 + 0.5)\text{MPa} = -0.1 \text{ MPa}$$

未出现拉应力。

12.3 偏心压缩与截面核心

12.3.1 偏心压缩

如图 12-4 所示，当作用在杆上的压力的作用线与杆轴线的方向平行但不重合时，杆件会发生偏心压缩，这也是一种组合变形，它可分解为轴向压缩和平面弯曲两种基本变形。

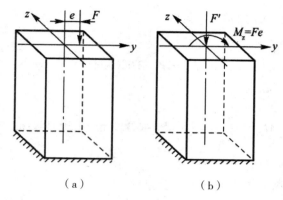

（a）　　　　　　　　（b）

图 12-4　偏心压缩

1.单向偏心压缩

在如图 12-4（a）所示的矩形截面杆上，作用着一作用线平行于杆件轴线但不与轴线重合的压力 F，其作用点在横截面的对称轴上，作用点与截面形心的距离为 e，该距离称为偏心矩。在压力 F 的作用下，杆件会发生变形，这种变形称为单向偏心压缩。

若作用力 F 为拉力，则杆件的变形为单向偏心拉伸。

在进行分析时，可先将力 F 平移到截面的形心处，如图 12-4（b）所示，使力的作用线与杆件的轴线重合。平移后，得到一力 F'（大小等于 F）和一力偶矩为 $M_z = Fe$ 的力偶。在 F' 的作用下，杆件发生轴向压缩，而 M_z 使杆件发生平面弯曲。由该例可知，单向偏心压缩可分解为轴向压缩和平面弯曲两种基本变形，因此，单向偏心压缩便是这两种基本变形的组合变形。杆件上各截面具有相等的内力，即 $F_N = -F$，$M_z = Fe$。

杆件任意横截面上任意一点处的正应力为

$$\sigma = \sigma' + \sigma'' = \frac{F_N}{A} \pm \frac{M_z y}{I_z} = -\frac{F}{A} \pm \frac{M_z y}{I_z} \tag{12-5}$$

式中，σ' 为轴向压力 F' 产生的压应力，符号为负；σ'' 为 M_z 产生的弯曲正应力。

因为有拉力和压力两种情况，即有正负之分，所以在计算时需要结合计算点相对于中性轴的位置来确定该应力值的正负。

单向偏心压缩的最大正应力出现在 σ'' 为"正"的受拉区域的边界点处。最大正应力的正负号需要根据 σ' 和 σ'' 的叠加结果确定。

在图 12-4（b）中，最大正应力发生在横截面最左棱边边缘处，其值为

$$\sigma_{max} = -\frac{F}{A} + \frac{M_z y_{max}}{I_z} = -\frac{F}{A} + \frac{M_z}{W_z}$$

截面上最小正应力发生在横截面最右棱边边缘处，其值与最大压应力相等，即

$$\sigma_{\min} = \sigma_{\max}^{e} = -\frac{F}{A} - \frac{M_z}{W_z}$$

杆件正应力的强度条件为最大和最小应力值均在相应的许用值范围内，即

$$\begin{cases} |\sigma_{\max}| = \left| -\frac{F}{A} + \frac{M_z}{W_z} \right| \leqslant [\sigma] \\ |\sigma_{\min}| = \left| -\frac{F}{A} - \frac{M_z}{W_z} \right| \leqslant [\sigma] \end{cases} \qquad (12\text{-}6)$$

2. 双向偏心压缩

在如图 12-5（a）所示的矩形截面杆上，作用着一作用线平行于杆件轴线但不与轴线重合的压力 F，其作用点不在横截面的对称轴（y 轴或 z 轴）上，作用点到 y 轴的为 e_z，到 z 轴的距离为 e_y，这种偏心压缩称为双向偏心压缩。

若作用力 F 为拉力，则杆件的变形为双向偏心拉伸。

在分析双向偏心压缩时，其方法与单向偏心压缩相似，可以将力 F 平移到截面的形心处，使力的作用线和轴线重合。先将力 F 平移到 y 轴上，得到力 F'（$F'=F$）和一力偶（力偶矩 $M_y = Fe_z$），如图 12-5（b）所示；再将力 F' 平移到截面的形心上，得到力 F''（$F''=F$）和一附加力偶（力偶矩 $M_z = Fe_y$），如图 12-5（c）所示。M_y 使杆件绕 y 轴发生平面弯曲，M_z 使杆件绕 z 轴发生平面弯曲，力 F'' 使杆件发生轴向压缩。由此可见，双向偏心压缩可以看作是两个平面弯曲和一个轴向压缩的组合变形，截面上任意一点处的正应力是由三部分叠加组成的。

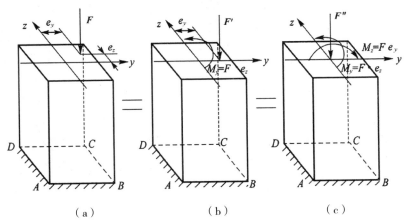

（a）　　　　　　　（b）　　　　　　　（c）

图 12-5　双向偏心压缩

现从任一截面的第三象限中取一点 K，对 K 点的正应力分析如下。

（1）在力 F'' 的作用下，K 点的正应力为 $\sigma' = \dfrac{F_N}{A} = -\dfrac{F}{A}$（压应力，符号为"−"）。

（2）弯矩 M_z 在同一点引起的正应力为 $\sigma'' = \dfrac{M_z y}{I_z}$（拉应力，符号为"+"）。

（3）弯矩 M_y 在同一点引起的正应力为 $\sigma''' = \dfrac{M_y z}{I_y}$（拉应力，符号为"+"）。

（4）依据叠加原理，在 F''、M_y、M_z 的共同作用下，横截面上任意一点 K 点的总应力为

$$\sigma_K = \sigma' + \sigma'' + \sigma''' = -\frac{F}{A} + \frac{M_z y}{I_z} + \frac{M_y z}{I_y}$$

横截面上任意一点都可能出现压应力或拉应力，故其正应力的通式可写为

$$\sigma = -\frac{F}{A} \pm \frac{M_z \cdot y}{I_z} \pm \frac{M_y \cdot z}{I_y} \tag{12-7}$$

式中，第一项为负，第二项和第三项则需要结合点的位置，根据两个平面弯曲变形产生的应力为压或者拉来确定。为了保障安全，截面上叠加后的实际最大和最小正应力（也可能是最大拉应力和最大压应力）都需要在许用值范围之内，即

$$\begin{cases} |\sigma_{max}| = \left| -\dfrac{F}{A} + \dfrac{M_z}{W_z} + \dfrac{M_y}{W_y} \right| \leqslant [\sigma] \\[4mm] |\sigma_{min}| = \left| -\dfrac{F}{A} - \dfrac{M_z}{W_z} - \dfrac{M_y}{W_y} \right| \leqslant [\sigma] \end{cases} \tag{12-8}$$

对于矩形截面、工字形截面等杆件而言，它们有两个对称的截面，其最大正应力和最大压应力都发生在横截面的角点处。

12.3.2 截面核心

对于用砖、石、混凝土和铸铁等脆性材料做成的受压构件，由于这些材料抗压性能好、抗拉性能差，所以在截面上只允许产生压应力，不允许出现拉应力。根据上述偏心压缩受力分析，当压力 F 位于截面形心附近一区域时，中性轴可移到截面以外，这时截面上只有压应力。将截面形心附近的这个区域称为截面核心。

12.4 弯曲与扭转的组合变形

12.4.1 弯曲与扭转组合变形的应力分析

在工程实际中，轴通常同时承受着弯矩和扭矩，使轴发生弯曲和扭转的组合变形。为了方便分析，以图 12-6（a）中的圆杆为例。该圆杆一端固定，一端自由，杆上作用着一力 F。现将力 F 向 AB 杆端横截面的形心简化后分成作用于杆上的横向力 F' 和在杆端横截面内力矩为 M 的力偶，如图 12-6（b）所示。$F'=F$，力 F' 使圆杆发生弯曲；$M=Fr$，该偶使圆杆发生扭转。绘制圆杆的弯矩图和扭矩图，如图 12-6（c）（d）所示。由图可知，圆杆的危险截面为固定端的横截面。

如图 12-6（e）所示，危险横截面上的两点 C_1、C_2 处有最大弯曲正应力，其值为

$$\sigma_{\max} = \frac{M_{\max}}{W_z}$$

在该横截面周边上各点处都有最大扭转切应力，如图 12-6（f）所示，其值为

$$\tau_{\max} = \frac{T_{\max}}{W_p}$$

若圆杆为塑性材料，其许用拉应力和压应力的大小相等，则 C_1、C_2 两点的应力相等，因此，可以只选择其中的一个点进行研究。

围绕 C_1 点分别用横截面、径截面和平行于表面的截面截出单元体，其各面上的应力如图 12-6（g）所示，C_1 点的应力准则为

$$\sigma_{r3} = \sqrt{\sigma^2 + 4\tau^2} \leqslant [\sigma]$$

$$\sigma_{r4} = \sqrt{\sigma^2 + 3\tau^2} \leqslant [\sigma]$$

将最大弯曲正应力 $\sigma_{\max} = \dfrac{M_{\max}}{W_z}$ 和最大扭转切应力 $\tau_{\max} = \dfrac{T_{\max}}{W_p}$ 代入上式，用圆截面的抗弯截面系数 W_z 代替抗扭截面系数 W_p，即 $W_p=2W_z$，可得

$$\sigma_{r3} = \frac{\sqrt{M_{\max}^2 + T_{\max}^2}}{W_z} \leqslant [\sigma] \tag{12-9}$$

$$\sigma_{r4} = \frac{\sqrt{M_{max}^2 + 0.75T_{max}^2}}{W_z} \leqslant [\sigma] \qquad (12\text{-}10)$$

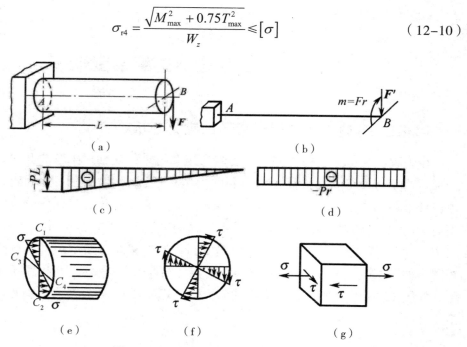

（a）　　　　　　　　　　　　　　（b）

（c）　　　　　　　　　　　　　　（d）

（e）　　　　　　　（f）　　　　　　　（g）

图 12-6　弯曲与扭转的组合变形

12.4.2　弯曲与扭转组合变形的强度计算

在进行弯曲与扭转组合变形的强度计算时，可应用上述应力准则，分析和计算步骤如下。

（1）简化外力。将作用在杆件上的外力简化为水平平面和垂直平面内的两组外力。

（2）绘制弯矩图和扭矩图。绘制弯矩图时，应分别画出水平平面的弯矩图和垂直平面的弯矩图。如果是相同平面内的弯矩，可按代数和的方式求弯矩的合成值；如果是相互垂直平面内的弯矩，按矢量和的方式计算。

（3）确定危险截面和求相当应力。依据绘制出的弯矩图和扭矩图确定危险截面，若存在几个危险截面，则需要分别进行校核。

（4）进行强度计算。

【例 12-2】如图 12-7 所示，有一钢制实心轴 AB，轴上有两个齿轮 C 和 D。齿轮 C 上作用着一铅锤切向力，其大小为 5 kN，径向力为 1.82 kN；齿轮 D 上作用着一水平切向力，其大小为 10 kN，径向力为 3.64 kN。已知轴的直径为 52 mm，许用应力为 100 MPa，齿轮 C 和 D 的直径分别为 400 mm、200 mm，试校核该轴的强度。

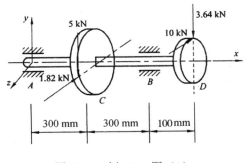

图 12-7 例 12-2 图（1）

【解】（1）绘制 *AB* 轴的受力简图。将齿轮 *C* 和 *D* 上的各作用力向轴心简化，绘制出如图 12-8 所示的受力简图。

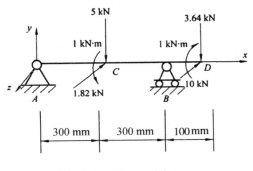

图 12-8 例 12-2 图（2）

（2）进行内力分析，确定危险截面。通过分析轴上的作用力可知，除了有扭矩外，在其垂直平面和水平平面也都有横向力的作用。为了便于计算，可分别进行计算。

垂直平面 *xAy* 平面内的弯矩图如图 12-9 所示。

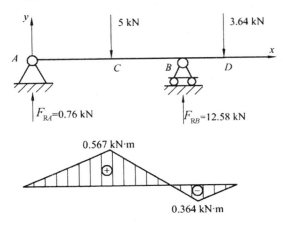

图 12-9 例 12-2 图（3）

水平平面 xAz 平面内的弯矩图如图 12-10 所示。

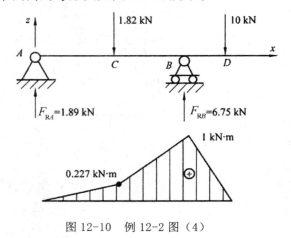

图 12-10　例 12-2 图（4）

外力偶单独作用时，梁的简化图及扭矩图如图 12-11 所示。

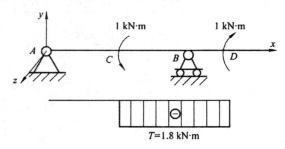

图 12-11　例 12-2 图（5）

根据梁的弯矩图和扭矩图可知，危险截面是 B 截面或 C 截面。通常情况下，各横截面在水平平面和垂直平面弯矩都互不相同，而对于圆形截面来说，截面上任意直径都是形心主轴，截面对任一直径的抗弯截面模量都相等。因此，可以将各截面上的总弯矩画在同一平面内。这一方法也可用于求轴上各横截面上的应力。

B、C 截面的总弯矩为

$$M = \sqrt{M_z^2 + M_y^2}$$

对 B 截面，有

$$M_B = \sqrt{M_{zB}^2 + M_{yB}^2} = \sqrt{0.364^2 + 1^2} \ \text{kN} \cdot \text{m} \approx 1.064 \ \text{kN} \cdot \text{m}$$

对 C 截面，有

$$M_C = \sqrt{M_{zC}^2 + M_{yC}^2} = \sqrt{0.567^2 + 0.227^2} \ \text{kN} \cdot \text{m} \approx 0.611 \ \text{kN} \cdot \text{m}$$

轴的总弯矩图如图 12-12 所示。

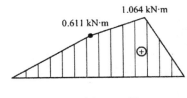

图 12-12 例 12-2 图（6）

根据轴的扭矩图和总弯矩图可以确定，危险截面为 B 截面。

（3）强度校核。结合上述分析和计算，然后按照第四强度理论进行校核，可得

$$\sigma_{r4} = \frac{\sqrt{M^2 + 0.75 M_{\rm T}^2}}{W} \approx 99.4\,\text{MPa} < [\sigma]$$

由此可见，该轴满足强度条件。

思考题

1. 在处理组合变形问题时，依据叠加原理对外力进行分析时应注意什么问题？

2. 水塔在自重和风压的作用下，会产生什么变形？

3. 如图 12-13 所示的曲杆，在 D 点上有一平行于水平面的力 F，试判断 AB、BC、CD 段分别发生什么变形？

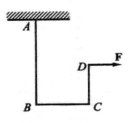

图 12-13 思考题 3 图

习题

1. 图 12-14（a）是压力机上某构件的受力情况简图，如果考虑强度条件，横截面 $m-m$ 使用（b）（c）（d）哪种截面更加合理，为什么？

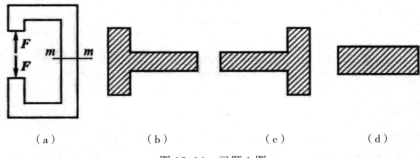

（a）　　　　　（b）　　　　（c）　　　　（d）

图 12-14　习题 1 图

2. 图 12-15 为一塔器简图，该塔的底部为裙式支座，支座的壁厚 $\delta=800$ mm，外径和塔身外径相等，塔的内径 $d=1\,000$ mm，塔高为 17 m，其中，h_1 段高 10 m，h_2 段高 7 m。塔器及其物料的重量 $W=97.64$ kN，承受的风载荷分为 q_1 和 q_2 两部分，$q_1=655$ N/m，$q_2=745$ N/m，支座材料的许用应力为 140 MPa，请校核该支座的强度。

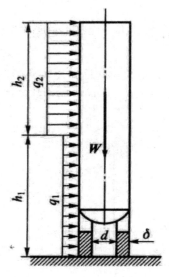

图 12-15　习题 2 图

3. 如图 12-16 所示，有一圆截面折杆 ABC。已知 AB 长度 $L=150$ mm，BC 长度 $a=140$ mm，AB 段与 BC 段垂直。现有一铅垂向下的力 F，大小为 20 kN，该折杆材料的许用应力为 160 MPa。

（1）画出 AB 段的弯矩图和扭矩图；

（2）确定危险截面。

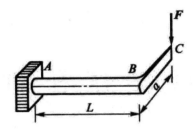

图 12-16　习题 3 图

第13章 压杆稳定

13.1 压杆稳定的概念

在工程中，压杆是指承受轴向压力的直杆。从强度的角度来看，只要压杆的强度满足条件，便不会失去承载能力。但实际情况是，如果压杆为细长杆件，在轴向压力的作用下，杆内应力没有达到材料的极限应力，甚至远低于材料的比例极限时，便会引起杆件侧向弯曲，从而导致杆件被破坏。杆件的强度满足条件，但在轴向压力的作用下，杆件会突然发生弯曲，其变形由压缩变形转变为压弯变形，从而导致杆件被破坏。这种细长压杆丧失保持直线平衡状态的现象称为丧失稳定性，简称失稳。

如图 13-1（a）所示，有一长度和宽度均为 30 mm，厚度为 5 mm 的压杆，压杆材料的抗压强度极限为 40 MPa，要将压杆破坏，所需要的压力为

$$F = \sigma_b A = 40 \times 10^6 \times 0.005 \times 0.03 \text{ N} = 6\,000 \text{ N}$$

如果压杆的长度增长到 1 m，如图 13-1（b）所示，那么只需要 30 N 的压力便可以使压杆弯曲。如果压力继续增大，那么压杆会失稳。

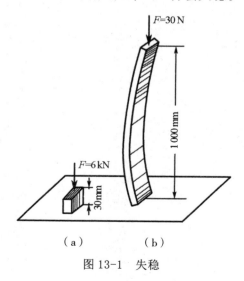

（a）　　　　（b）

图 13-1　失稳

压杆的失稳通常都是突然发生的，其后果非常严重，所以在工程实际中，若存在细长压杆，则需要考虑稳定性的问题。

压杆在其原有几何形状下保持平衡的能力称为压杆的稳定性。现以如图 13-2 所示的细长压杆为例，分析压杆的失稳过程。如图 13-2（a）所示，在细长压杆的一端施加一力 F，当 F 较小时，压杆保持平衡。在压杆平衡状态下，施加一横向干扰力，压杆发生弯曲，如图 13-2（b）所示；撤去干扰力，压杆经过几次摆动后，恢复至原来的平衡状态，如图 13-2（c）所示，这表明压杆处于稳定性平衡状态。如果将施加的压力增大到 F_{cr}，然后继续施加一横向干扰力，当干扰力撤去后，压杆无法恢复到原来的平衡状态，而是以弯曲的状态保持平衡，如图 13-2（d）所示，该平衡状态是非稳定的；如果在此基础上继续增大压力，那么杆件会突然发生显著的弯曲，其稳定性被破坏。

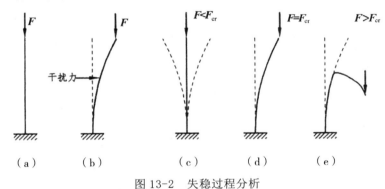

图 13-2　失稳过程分析

压杆由稳定性平衡过渡到非稳定性平衡的状态称为临界状态，与临界状态对应的轴向压力 F 称为临界压力或临界载荷，用 F_{cr} 表示。

通过上述分析可知：

当 $F < F_{cr}$ 时，压杆为稳定平衡状态；

当 $F = F_{cr}$ 时，压杆为临界平衡状态；

当 $F > F_{cr}$ 时，压杆发生失稳，被破坏。

由此可见，压杆的临界压力或临界载荷越大，使压杆失稳的力就越大，压杆也越不容易失稳。因此，解决压杆稳定性问题的关键是确定压杆的临界压力或临界载荷。

13.2　细长压杆的临界压力

细长压杆临界压力的大小与压杆的长度、压杆截面的大小及几何形状、压杆材料的力学性能、压杆两端的支承等有关。下面针对几种不同的支承情况进行讨论。

13.2.1 两端铰支压杆的临界压力

如图 13-3（a）所示，有一两端铰支的细长压杆 AB，压杆长为 l。现在压杆上施加一压力 **F**，使压杆呈微弯状态。在如图 13-3（a）所示的坐标系中，距压杆 A 端 x 处截面的挠度为 y，根据图 13-3（b）可知，该截面的弯矩为

$$M(x) = -Fy \qquad (13-1)$$

式中，可以不考虑 F 的正负。在选定的坐标系中，当 y 为负值时，M（x）值为正；当 y 为正值时，M（x）值为负。在杆内应力不超过材料比例极限的条件下，小挠度弯曲的挠曲线近似微分方程为

$$EI \frac{\mathrm{d}^2 y}{\mathrm{d}x^2} = M(x) = -Fy \qquad (13-2)$$

令 $k^2 = \dfrac{F}{EI}$，则式（13-2）可写为

$$\frac{\mathrm{d}^2 y}{\mathrm{d}x^2} + k^2 y = 0 \qquad (13-3)$$

上述微分方程的通解为

$$y = C_1 \sin kx + C_2 \cos kx \qquad (13-4)$$

式中，C_1、C_2 为两个待定的积分常数。由于 **F** 未知，所以 k 也是待定值。

根据压杆的约束情况，可知两个边界条件，即

$$x=0 \text{ 处，} y=0 \qquad (13-5)$$

$$x=l \text{ 处，} y=0 \qquad (13-6)$$

将边界条件（13-5）代入式（13-4），可得 C_2=0；将边界条件（13-6）代入式（13-4），可得 $C_1 \sin kl$=0，即 C_1=0 或 $\sin kl$=0。若取 C_1=0，则 y=0，即压杆轴线上各点的挠度都等于零，表示压杆没有弯曲，这与压杆实际状态（保持微弯）相矛盾。则 $\sin kl$=0，满足这一条件的 kl 值为

$$kl = n\pi \text{（} n=0, 1, 2, \cdots \text{）}$$

由此可得

$$\begin{cases} k = \sqrt{\dfrac{F}{EI}} = \dfrac{n\pi}{l} \\ F = \dfrac{n^2 \pi^2 EI}{l^2} \end{cases} \qquad (13-7)$$

由式（13-7）可知，无论 n 取何值，都有与之对应的 F。在工程实际中，F 应取最小值，以此求得压杆失稳时的最小轴向压力。即 $n=1$，相应的临界压力为

$$F_{cr} = \frac{\pi^2 EI}{l^2} \qquad （13-8）$$

式（13-8）称为两端铰支细长压杆临界压力的欧拉公式，式中，I 为压杆横截面对中性轴的惯性矩；E 为压杆材料的弹性模量；l 为压杆的长度。

由式（13-8）可知，压杆的临界压力与压杆的长度成反比，与压杆的抗弯刚度 EI 成正比。

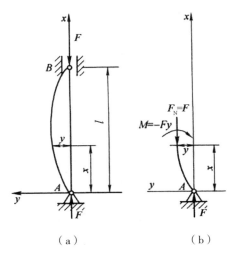

（a）　　　　　　（b）

图 13-3　两端铰支的细长压杆

13.2.2 其他支承情况下压杆的临界压力

针对其他支承情况下的压杆，可以按照上面的方法推导其临界压力。表 13-1 列出了几种典型支承条件下细长压杆临界压力的计算公式。将不同支承条件下细长压杆的临界压力计算公式的形式进行统一，可得

$$F_{cr} = \frac{\pi^2 EI}{(\mu l)^2} \qquad （13-9）$$

式（13-9）称为欧拉公式的一般形式。式中，μ 为长度系数，μl 为相当长度，它表示把长度为 l 的压杆折算成两端铰支压杆后的长度。

表 13-1　几种典型支承条件下细长压杆临界压力的计算公式

支承情况	一端固定一端铰支	两端固定	一端固定一端自由
失稳时挠曲线形状			
临界压力	$F_{cr}=\dfrac{\pi^2 EI}{(0.7l)^2}$	$F_{cr}=\dfrac{\pi^2 EI}{(0.5l)^2}$	$F_{cr}=\dfrac{\pi^2 EI}{(2l)^2}$
长度系数	$\mu=0.7$	$\mu=0.5$	$\mu=2$

表 13-1 仅列出了几种比较典型的情况，在工程实际中，存在更加复杂的情况，此时便需要根据实际情况进行计算。

13.3　欧拉公式的适用范围及临界应力的经验公式

13.3.1　欧拉公式的适用范围

在式（13-9）的基础上，用压杆横截面面积 A 去除 F_{cr}，可得与临界压力对应的应力，即

$$\sigma_{cr}=\frac{F_{cr}}{A}=\frac{\pi^2 EI}{(\mu l)^2 A} \tag{13-10}$$

压杆的惯性矩 I 可写成 $I=i^2 A$，即 $i=\sqrt{\dfrac{I}{A}}$，i 为压杆横截面对中性轴的惯性半径。这样，式（13-10）可写为

$$\sigma_{cr}=\frac{\pi^2 E}{\left(\dfrac{\mu l}{i}\right)^2} \tag{13-11}$$

令 $\lambda=\dfrac{\mu l}{i}$，λ 称为柔度或长细比，是无量纲量，其大小与压杆的杆长、长度系

数以及惯性半径有关。λ 综合反映了压杆的杆长、截面形状以及截面尺寸等因素对压杆临界应力的影响。

引入柔度后，式（13–11）可写为

$$\sigma_{cr} = \frac{\pi^2 E}{\lambda^2} \qquad\qquad （13\text{–}12）$$

由式（13–12）可知，柔度越大，压杆的临界压力越小，压杆越容易失稳。

欧拉公式是依据挠曲线近似微分方程推导而来的，这说明其必须服从胡克定律。因此，只有临界应力小于比例极限 σ_p 时，公式（13-9）和（13–12）才是正确的。令式（13–12）中的 $\sigma_{cr} \leqslant \sigma_p$，可得

$$\sigma_{cr} = \frac{\pi^2 E}{\lambda^2} \leqslant \sigma_p$$

$$\lambda \geqslant \sqrt{\frac{\pi^2 E}{\sigma_p}} \qquad\qquad （13\text{–}13）$$

由此可知，当压杆的柔度大于或等于极限值 $\sqrt{\dfrac{\pi^2 E}{\sigma_p}}$ 时，欧拉公式才是正确的。

用 λ_1 表示极限值 $\sqrt{\dfrac{\pi^2 E}{\sigma_p}}$，可将式（13–13）写成

$$\lambda \geqslant \lambda_1 \qquad\qquad （13\text{–}14）$$

式（13–14）表示的便是欧拉公式的适用范围。满足这个条件的压杆称为大柔度压杆。λ_1 的大小受压杆材料力学性能的影响。

【例 13–1】有一两端铰支的圆形截面压杆，其直径 $d=80$ mm，压杆由 Q235 钢制成，该材料的弹性模量 $E=210$ GPa，比例极限 $\sigma_p=200$ MPa。试问杆长为多少时适用欧拉公式？

【解】根据题意，得

$$\lambda_1 = \pi\sqrt{\frac{E}{\sigma_p}} \approx 3.14 \times \sqrt{\frac{210 \times 10^3}{200}} \approx 101.8$$

因为只有 $\lambda \geqslant \lambda_1$ 时，才适用欧拉公式，由此可得

$$\lambda = \frac{\mu l}{i} \geqslant 101.8$$

即

$$l \geqslant \frac{101.8i}{\mu} = \frac{101.8}{\mu}\sqrt{\frac{I}{A}} = \frac{101.8}{1}\sqrt{\frac{\frac{\pi \times 80^4}{64}}{\frac{\pi \times 80^2}{4}}} \, \text{mm} \approx 2.04 \, \text{m}$$

因此，杆长 $l \geqslant 2.04$ m 时适用欧拉公式。

13.3.2 临界应力的经验公式

在工程实际中，有些压杆不适用欧拉公式，如千斤顶螺杆、内燃机连杆等，对于这些压杆，通常使用经验公式计算临界应力。比较常见的经验公式有直线公式和抛物线公式。

直线公式：

$$\sigma_{cr} = a - b\lambda$$

抛物线公式：

$$\sigma_{cr} = a - b\lambda^2$$

上式中，a、b 为与材料有关的常数，对不同的材料而言，a、b 的大小也不同。

13.4　压杆稳定性的计算

计算压杆稳定性的常用方法有安全系数法和折减系数法两种。

13.4.1　安全系数法

压杆的稳定条件为

$$F \leqslant \frac{F_{cr}}{[n_w]} \text{ 或 } n_w = \frac{F_{cr}}{F} \geqslant [n_w] \tag{13-15}$$

式中，F 为压杆的工作压力；F_{cr} 为压杆的临界压力；n_w 为压杆的工作稳定安全系数；$[n_w]$ 为规定的稳定安全系数。

按照式（13-15）进行压杆稳定性计算的方法称为安全系数法。

由于压杆存在载荷偏心或初曲率等问题，所以规定的稳定安全系数一般比强度安全系数大。不同材料规定的稳定安全系数不同，如灰铸铁的 $[n_w]$ 为 5.0～5.5，钢材的 $[n_w]$ 为 1.8～3.0，木材的 $[n_w]$ 为 2.8～3.2。

在使用安全系数法计算压杆的稳定性时，应先计算压杆各弯曲平面弯曲时的柔度，得到最大柔度；然后根据临界应力公式，求出 σ_{cr} 和 F_{cr}；最后根据式（13–15）进行稳定校核。

13.4.2 折减系数法

将 $F \leqslant \dfrac{F_{cr}}{[n_w]}$ 的两边同时除以压杆的横截面面积，可得

$$\sigma \leqslant \frac{\sigma_{cr}}{[n_w]}$$

令

$$[\sigma_w] = \frac{\sigma_{cr}}{[n_w]} = \varphi[\sigma]$$

可得

$$[\sigma_w] = \varphi[\sigma] \tag{13–16}$$

式中，$[\sigma_w]$ 为稳定许用应力；φ 为折减系数。

φ 为 λ 的函数，几种常见材料对应于不同 λ 的 φ 值见表 13–2。

表 13–2　压杆的折减系数 φ

柔度 λ	φ 值			
	Q215、Q235 钢		铸铁	木材
0	1.000	1.000	1.00	1.000
10	0.995	0.993	0.97	0.971
20	0.981	0.973	0.91	0.932
30	0.958	0.940	0.81	0.883
40	0.927	0.895	0.69	0.822
50	0.888	0.840	0.57	0.757
60	0.842	0.776	0.44	0.668
70	0.789	0.705	0.34	0.575
80	0.731	0.627	0.26	0.470
90	0.669	0.546	0.20	0.370
100	0.604	0.462	0.16	0.300
110	0.536	0.384	—	0.248
120	0.466	0.325	—	0.208
130	0.401	0.279	—	0.178
140	0.349	0.242	—	0.153

柔度 λ	φ 值			
	Q215、Q235 钢		铸铁	木材
150	0.306	0.231	—	0.133

引入折减系数后，压杆的稳定条件可写为

$$\sigma = \frac{F}{A} \leqslant \varphi[\sigma] \qquad (13\text{-}17)$$

根据式（13-17）进行压杆稳定性计算的方法称为折减系数法。

13.5　提高压杆稳定性的措施

压杆的稳定性与压杆的临界压力有关，而影响压杆临界压力的因素有压杆的材料性质、长度、截面形状与尺寸、约束条件等。因此，要提高压杆的稳定性，可以从上述几个因素进行考虑。

13.5.1　合理选择材料

不同长度的压杆，在选择材料时也有所差异。

对于细长杆，由欧拉公式可知，杆的临界应力与材料的弹性模量成正比，所以应选择弹性模量较大的材料。需要注意的是，由于各种钢材的弹性模量相差很小，选用高强度的钢材并不能有效提高压杆的稳定性，所以从经济的角度考虑，一般选择普通碳钢即可。对于中长杆，可依据临界应力的经验公式，选用高强度材料，以提高压杆的稳定性。对于短粗杆，选用高强度材料可以提高其承载能力。

13.5.2　缩短压杆长度

压杆的稳定性和柔度成反比，而柔度和压杆长度成正比，所以缩短压杆的长度可以提高压杆的稳定性。当然，压杆长度不能随意缩短，需要考虑整体的结构，在结构允许的情况下尽量缩短压杆长度。

13.5.3　加强杆端约束

压杆两端约束情况不同，长度系数 μ 也不同。通常情况下，在压杆长度、截面形状、截面尺寸等都相同的情况下，杆端约束的刚性越强，长度系数 μ 越小，柔度越小，稳定性越高。因此，可加强对压杆两端的约束，以提高压杆的稳定性。

13.5.4　合理选择截面形状

由欧拉公式可知，压杆截面的惯性矩 I 越大，压杆的柔度越小，压杆的稳定性越高。因此，在压杆截面面积相同的情况下，应使材料尽量远离截面形心轴，从而获得较大的轴惯性矩，以提高压杆的稳定性。由此可知，在压杆截面面积相同的情况下，空心截面比实心截面的稳定性更强，如图 13-4 所示。

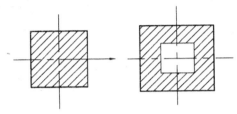

图 13-4　截面面积相同的实心截面与空心截面

思考题

1. 压杆的稳定性问题和强度、刚度问题有什么联系和区别？

2. 当达到临界压力值后，压杆是否会失去承载能力？

3. 压杆的柔度与压杆的承载能力有怎样的关系？压杆的柔度反映了压杆的哪些性质？

4. 欧拉公式的适用范围是什么？

5. 如果将一张正常厚度的纸放在桌子上，纸的自重会使纸弯曲，但将纸折叠成三角形后，再将其放到桌子上，纸的自重不能使其弯曲，请问这是为什么？

习题

1. 如图 13-5 所示，压杆的两端为球形铰支，已知压杆的弹性模量为 200 GPa，请用欧拉公式求如下情况下压杆的临界压力。

（1）压杆为圆形截面，长度 $l=1.0$ m，直径 $d=25$ mm；

（2）压杆为矩形截面，长度 $l=1.0$ m，$h=40$ mm，$b=20$ mm；

（3）压杆为 16 号工字钢，长度 $l=2.0$ m。

2. 有一如图 13-6 所示的桁架，其 AB、BC 两细长杆的抗弯刚度 EI 相同。现在桁架上施加一力 F，其与 AB 的夹角为 θ，已知 $0 \leqslant \theta \leqslant \dfrac{\pi}{2}$，求力 F 的最大许用值。

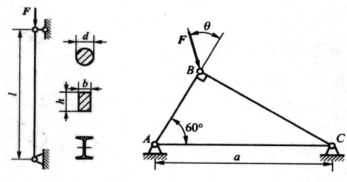

图 13-5 习题 1 图　　　　　　　　图 13-6 习题 2 图

3. 如图 13-7 所示，一矩形截面压杆的一端为固定端，另一端为自由端。已知材料的弹性模量为 200 GPa，$l=1$ m，$h=4$ m，$b=2$ m，求压杆的临界压力。

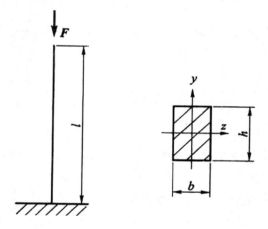

图 13-7　习题 3 图

附录 A　平面图形的几何性质

A.1　静　矩

A.1.1　静矩的概念

如图 A-1 所示，任意平面图形上所有微面积 dA 与其坐标 y 或 z 的乘积的总和，称为该平面图形对 z 轴或 y 轴的静矩，用 S_z 或 S_y 表示，即

$$\begin{cases} S_z = \int_A y \, \mathrm{d}A \\ S_y = \int_A z \, \mathrm{d}A \end{cases} \qquad (\text{A–1})$$

由式（A-1）可知，静矩为代数量，它可为正，可为负，也可为零。常用单位为 m^3 或 mm^3。

A.1.2　简单图形的静矩

如图 A-2 所示，简单平面图形的面积 A 与其形心坐标 y_C 或 z_C 的乘积，称为简单图形对 z 轴或 y 轴的静矩，即

$$\left. \begin{aligned} S_z &= A \cdot y_C \\ S_y &= A \cdot z_C \end{aligned} \right\} \qquad (\text{A–2})$$

当坐标轴通过截面图形的形心时，其静矩为零；反之，若截面图形对某轴的静矩为零，则该轴一定通过截面图形的形心。

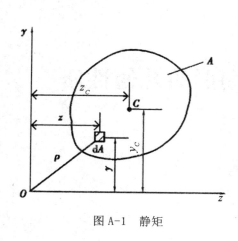

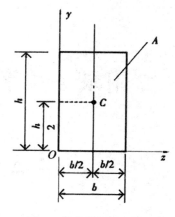

图 A-1　静矩　　　　　　　　图 A-2　简单图形的静矩

A.1.3　组合平面图形静矩的计算

组合平面图形静矩的计算公式为

$$\begin{cases} S_z = \sum A_i \cdot y_{Ci} \\ S_y = \sum A_i \cdot z_{Ci} \end{cases} \qquad （\text{A-3}）$$

式中，A_i 表示各简单图形的面积；y_{Ci}、z_{Ci} 表示各简单图形的形心坐标。

式（A-3）表明：组合图形对某轴的静矩等于各简单图形对同一轴静矩的代数和。

A.2　惯性矩和惯性半径

A.2.1　惯性矩

如图 A-3 所示，任意平面图形上所有微面积 dA 与其坐标 y 或 z 的平方乘积的总和，称为该平面图形对 z 轴或 y 轴的惯性矩，用 I_z 或 I_y 表示。

$$\begin{cases} I_z = \int_A y^2 \, \mathrm{d}A \\ I_y = \int_A z^2 \, \mathrm{d}A \end{cases} \qquad （\text{A-4}）$$

式（A-4）表明：惯性矩恒为正值。惯性矩的常用单位为 m^4 或 mm^4。

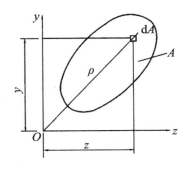

图 A-3　惯性矩

A.2.2　惯性半径

在工程实际中，为了方便计算，通常将图形的惯性矩表示为图形面积 A 与某一长度平方的乘积，即

$$\begin{cases} I_z = i_z^2 A, \quad 即 i_z = \sqrt{\dfrac{I_z}{A}} \\[3mm] I_y = i_y^2 A, \quad 即 i_y = \sqrt{\dfrac{I_y}{A}} \end{cases} \qquad (A-5)$$

式中，i_z 或 i_y 分别表示平面图形对 z 轴和 y 轴的惯性半径。常用单位为 m 或 mm。

A.3　惯　性　积

如图 A-3 所示，任意平面图形上所有微面积 dA 与其坐标 y、z 的乘积的总和，称为该平面图形对 z、y 两轴的惯性积，用 I_{zy} 表示，即

$$I_{zy} = \int_A zy\, \mathrm{d}A \qquad (A-6)$$

惯性积可为正，可为负，也可为零。常用单位为 m^4 或 mm^4。可以证明，在两正交坐标轴中，只要 z、y 轴之一为平面图形的对称轴，则平面图形对 y、z 轴的惯性积就一定等于零。

A.4　平行移轴公式

同一平面图形对不同坐标轴的惯性矩是不同的，但它们之间存在一定的关系。

如图 A-4 所示，平面图形对两个互相平行的坐标轴的惯性矩之间的关系为

$$\begin{cases} I_z = I_{zC} + a^2 A \\ I_y = I_{yC} + b^2 A \end{cases} \qquad (\text{A-7})$$

z 轴与 z_C 轴之间的距离为 a，y 轴与 y_C 轴之间的距离为 b。

式（A-7）称为惯性矩的平行移轴公式。它表明平面图形对任一轴的惯性矩，等于平面图形对与该轴平行的形心轴的惯性矩再加上其面积与两轴间距离平方的乘积。在所有平行轴中，平面图形对形心轴的惯性矩最小。

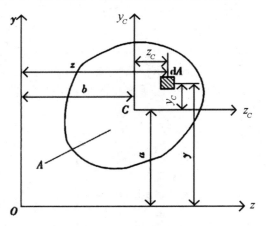

图 A-4　推导平行移轴公式的坐标系

A.5　转轴公式与主惯性轴

图 A-5 表示一截面，它对通过其上任意一点的 y、z 两坐标轴的惯性矩 I_y、I_z 以及惯性积 I_{yz} 均已知。若这一对坐标轴绕 O 点旋转 α 角（逆时针方向旋转为正）至 y_1、z_1 位置，则该截面对 y_1、z_1 这两个新坐标轴的惯性矩和惯性积分别为 I_{y_1}、I_{z_1} 和 $I_{y_1z_1}$，它们都可以用已知的 I_y、I_z 和 α 角来表达。由图 A-5 可知

$$\begin{cases} y_1 = \overline{AC} = \overline{AD} - \overline{EB} = y\cos\alpha - z\sin\alpha \\ z_1 = \overline{OC} = \overline{OE} + \overline{BD} = z\cos\alpha + y\sin\alpha \end{cases} \qquad (\text{A-8})$$

按定义有

$$\begin{cases} I_{y_1} = \int_A z_1^2 \, \mathrm{d}A \\ I_{z_1} = \int_A y_1^2 \, \mathrm{d}A \\ I_{y_1 z_1} = \int_A y_1 z_1 \, \mathrm{d}A \end{cases} \quad （A-9）$$

将式（A-8）代入式（A-9），并利用三角函数关系

$$\begin{cases} \cos^2 \alpha = \dfrac{1}{2}(1 + \cos 2\alpha) \\ \sin^2 \alpha = \dfrac{1}{2}(1 - \cos 2\alpha) \end{cases}$$

整理后得

$$\begin{cases} I_{y_1} = \dfrac{I_y + I_z}{2} - \dfrac{I_y - I_z}{2} \cos 2\alpha + I_{yz} \sin 2\alpha \\ I_{z_1} = \dfrac{I_y + I_z}{2} + \dfrac{I_y - I_z}{2} \cos 2\alpha - I_{yz} \sin 2\alpha \\ I_{y_1 z_1} = \dfrac{I_y - I_z}{2} \sin 2\alpha + I_{yz} \cos 2\alpha \end{cases} \quad （A-10）$$

式（A-10）为求惯性矩和惯性积的转轴公式。它反映了惯性矩、惯性积随 α 的变化规律。

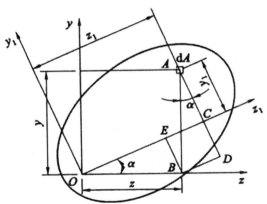

图 A-5 推导转轴公式的坐标系

将式（A-10）的前两项相加，可得

$$I_{y_1} + I_{z_1} = I_y + I_z$$

这说明截面对任意两个正交坐标轴的惯性矩之和为一常数。

由式（A-10）可知，$I_{y_1 z_1}$ 随 α 的改变而变化，当 $I_{y_1 z_1} = 0$ 时，将相应的坐标轴定义为主惯性轴，用 y_0、z_0 表示，即

$$I_{y_0 z_0} = \frac{I_y - I_z}{2} \sin 2\alpha_0 + I_{yz} \cos 2\alpha_0 = 0 \qquad\qquad (\text{A–11})$$

由此求得

$$\tan 2\alpha_0 = -\frac{2 I_{yz}}{I_y - I_z} \qquad\qquad (\text{A–12})$$

式中，α_0 和 $\alpha_0 \pm \frac{\pi}{2}$ 表示主轴的方位角。

将式（A–12）代入式（A–10）中前两个式子中，并利用三角函数关系

$$\begin{cases} \cos 2\alpha_0 = \dfrac{1}{\sqrt{1 + \tan^2 2\alpha_0}} \\ \sin 2\alpha_0 = \dfrac{\tan 2\alpha_0}{\sqrt{1 + \tan^2 2\alpha_0}} \end{cases}$$

可求得截面的主惯性矩

$$\begin{cases} I_{y_0} = \dfrac{I_y + I_z}{2} - \dfrac{1}{2}\sqrt{\left(I_y - I_z\right)^2 + 4 I_{yz}^2} \\ I_{z_0} = \dfrac{I_y + I_z}{2} + \dfrac{1}{2}\sqrt{\left(I_y - I_z\right)^2 + 4 I_{yz}^2} \end{cases} \qquad (\text{A–13})$$

将式（A–10）的第一个式子对 α 求一阶导数，且令其为零，有

$$\frac{\mathrm{d} I_{y_1}}{\mathrm{d}\alpha} = 2\left(\frac{I_y - I_z}{2} \sin 2\alpha + I_{yz} \cos 2\alpha \right) = 0$$

上式与式（A–11）一致。说明由式（A–13）求得的主惯性矩就是截面的最大或最小惯性矩。

当一对主惯性轴的交点与截面的形心重合时，其称为形心主惯性轴。截面对形心主惯性轴的惯性矩称为形心主惯性矩。在实际分析中，通常将截面的对称轴作为形心主惯性轴。

附录 B　型钢规格表

表 B-1　热轧等边角钢（GB/T 706—2008）

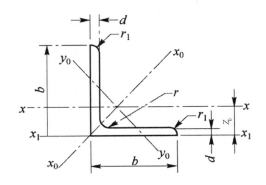

符号意义：

b——边宽度；　　　　I——惯性矩；　　　　d——边厚度；

i——惯性半径；　　　r——内圆弧半径；　　W——截面模数；

r_1——边端圆弧半径；　Z_0——重心距离。

型号	截面尺寸/mm b	截面尺寸/mm d	截面尺寸/mm r	截面面积/cm²	理论重量/(kg/m)	外表面积/(m²/m)	惯性矩/cm⁴ I_x	惯性矩/cm⁴ I_{x1}	惯性矩/cm⁴ I_{x0}	惯性矩/cm⁴ I_{y0}	惯性半径/cm i_x	惯性半径/cm i_{x0}	惯性半径/cm i_{y0}	截面模数/cm³ W_x	截面模数/cm³ W_{x0}	截面模数/cm³ W_{y0}	重心距离/cm Z_0
2	20	3	3.5	1.132	0.889	0.078	0.40	0.81	0.63	0.17	0.59	0.75	0.39	0.29	0.45	0.20	0.60
	20	4		1.459	1.145	0.077	0.50	1.09	0.78	0.22	0.58	0.73	0.38	0.36	0.55	0.24	0.64
2.5	25	3		1.432	1.124	0.098	0.82	1.57	1.29	0.34	0.76	0.95	0.49	0.46	0.73	0.33	0.73
	25	4		1.859	1.459	0.097	1.03	2.11	1.62	0.43	0.74	0.93	0.48	0.59	0.92	0.40	0.76
3.0	30	3		1.749	1.373	0.117	1.46	2.71	2.31	0.61	0.91	1.15	0.59	0.68	1.09	0.51	0.85
	30	4	4.5	2.276	1.786	0.117	1.84	3.63	2.92	0.77	0.90	1.13	0.58	0.87	1.37	0.62	0.89
3.6	36	3		2.109	1.656	0.141	2.58	4.68	4.09	1.07	1.11	1.39	0.71	0.99	1.61	0.76	1.00
	36	4		2.756	2.163	0.141	3.29	6.25	5.22	1.37	1.09	1.38	0.70	1.28	2.05	0.93	1.04
	36	5		3.382	2.654	0.141	3.95	7.84	6.24	1.65	1.08	1.36	0.70	1.56	2.45	1.00	1.07
4	40	3		2.359	1.852	0.157	3.59	6.41	5.69	1.49	1.23	1.55	0.79	1.23	2.01	0.96	1.09
	40	4		3.086	2.422	0.157	4.60	8.56	7.29	1.91	1.22	1.54	0.79	1.60	2.58	1.19	1.13
	40	5	5	3.791	2.976	0.156	5.53	10.74	8.76	2.30	1.21	1.52	0.78	1.96	3.10	1.39	1.17
4.5	45	3		2.659	2.088	0.177	5.17	9.12	8.20	2.14	1.40	1.76	0.89	1.58	2.58	1.24	1.22
	45	4		3.486	2.736	0.177	6.65	12.18	10.56	2.75	1.38	1.74	0.89	2.05	3.32	1.54	1.26
	45	5		4.292	3.369	0.176	8.04	15.2	12.74	3.33	1.37	1.72	0.88	2.51	4.00	1.81	1.30
	45	6		5.076	3.985	0.176	9.33	18.36	14.76	3.89	1.36	1.70	0.8	2.95	4.64	2.06	1.33
5	50	3		2.971	2.332	0.197	7.18	12.5	11.37	2.98	1.55	1.96	1.00	1.96	3.22	1.57	1.34
	50	4	5.5	3.897	3.059	0.197	9.26	16.69	14.70	3.82	1.54	1.94	0.99	2.56	4.16	1.96	1.38
	50	5		4.803	3.770	0.196	11.21	20.90	17.79	4.64	1.53	1.92	0.98	3.13	5.03	2.31	1.42
	50	6		5.688	4.465	0.196	13.05	25.14	20.68	5.42	1.52	1.91	0.98	3.68	5.85	2.63	1.46

（续 表）

型号	截面尺寸 /mm			截面面积 /cm²	理论重量 /(kg/m)	外表面积 /(m²/m)	惯性矩 /cm⁴				惯性半径 /cm			截面模数 /cm³			重心距离 /cm
	b	d	r				I_x	I_{x1}	I_{x0}	I_{y0}	i_x	i_{x0}	i_{y0}	W_x	W_{x0}	W_{y0}	Z_0
5.6	56	3	6	3.343	2.624	0.221	10.19	17.56	16.14	4.24	1.75	2.20	1.13	2.48	4.08	2.02	1.48
		4		4.390	3.446	0.220	13.18	23.43	20.92	5.46	1.73	2.18	1.11	3.24	5.28	2.52	1.53
		5		5.415	4.251	0.220	16.02	29.33	25.42	6.61	1.72	2.17	1.10	3.97	6.42	2.98	1.57
		6		6.420	5.040	0.220	18.69	35.26	29.66	7.73	1.71	2.15	1.10	4.68	7.49	3.40	1.61
		7		7.404	5.812	0.219	21.23	41.23	33.63	8.82	1.69	2.13	1.09	5.36	8.49	3.80	1.64
		8		8.367	6.568	0.219	23.63	47.24	37.37	9.89	1.68	2.11	1.09	6.03	9.44	4.16	1.68
6	60	5	6.5	5.829	4.576	0.236	19.89	36.05	31.57	8.21	1.85	2.33	1.19	4.59	7.44	3.48	1.67
		6		6.914	5.427	0.235	23.25	43.33	36.89	9.60	1.83	2.31	1.18	5.41	8.70	3.98	1.70
		7		7.977	6.262	0.235	26.44	50.65	41.92	10.96	1.82	2.29	1.17	6.21	9.88	4.45	1.74
		8		9.020	7.081	0.235	29.47	58.02	46.66	12.28	1.81	2.27	1.17	6.98	11.00	4.88	1.78
6.3	63	4	7	4.978	3.907	0.248	19.03	33.35	30.17	7.89	1.96	2.46	1.26	4.13	6.78	3.29	1.70
		5		6.143	4.822	0.248	23.17	41.73	36.77	9.57	1.94	2.45	1.25	5.08	8.25	3.90	1.74
		6		7.288	5.721	0.247	27.12	50.14	43.03	11.20	1.93	2.43	1.24	6.00	9.66	4.46	1.78
		7		8.412	6.603	0.247	30.87	58.60	48.96	12.79	1.92	2.41	1.23	6.88	10.99	4.98	1.82
		8		9.515	7.469	0.247	34.46	67.11	54.56	14.33	1.90	2.40	1.23	7.75	12.25	5.47	1.85
		10		11.657	9.151	0.246	41.09	84.31	64.85	17.33	1.88	2.36	1.22	9.39	14.56	6.36	1.93
7	70	4	8	5.570	4.372	0.275	26.39	45.74	41.80	10.99	2.18	2.74	1.40	5.14	8.44	4.17	1.86
		5		6.875	5.397	0.275	32.21	57.21	51.08	13.31	2.16	2.73	1.39	6.32	10.32	4.95	1.91
		6		8.160	6.406	0.275	37.77	68.73	59.93	15.61	2.15	2.71	1.38	7.48	12.11	5.67	1.95
		7		9.424	7.398	0.275	43.09	80.29	68.35	17.82	2.14	2.69	1.38	8.59	13.81	6.34	1.99
		8		10.667	8.373	0.274	48.17	91.92	76.37	19.98	2.12	2.68	1.37	9.68	15.43	6.98	2.03

（续 表）

型号	b	d	r	截面面积/cm²	理论重量/(kg/m)	外表面积/(m²/m)	惯性矩/cm⁴				惯性半径/cm			截面模数/cm³			重心距离/cm
							I_x	I_{x1}	I_{x0}	I_{y0}	i_x	i_{x0}	i_{y0}	W_x	W_{x0}	W_{y0}	Z_0
7.5	75	5	9	7.412	5.818	0.295	39.97	70.56	63.30	16.63	2.33	2.92	1.50	7.32	11.94	5.77	2.04
		6		8.797	6.905	0.294	46.95	84.55	74.38	19.51	2.31	2.90	1.49	8.64	14.02	6.67	2.07
		7		10.160	7.976	0.294	53.57	98.71	84.96	22.18	2.30	2.89	1.48	9.93	16.02	7.44	2.11
		8		11.503	9.030	0.294	59.96	112.97	95.07	24.86	2.28	2.88	1.47	11.20	17.93	8.19	2.15
		9		12.825	10.068	0.294	66.10	127.30	104.71	27.48	2.27	2.86	1.46	12.43	19.75	8.89	2.18
		10		14.126	11.089	0.293	71.98	141.71	113.92	30.05	2.26	2.84	1.46	13.64	21.48	9.56	2.22
8	80	5		7.912	6.211	0.315	48.79	85.36	77.33	20.25	2.48	3.13	1.60	8.34	13.67	6.66	2.15
		6		9.397	7.376	0.314	57.35	102.50	90.98	23.72	2.47	3.11	1.59	9.87	16.08	7.65	2.19
		7		10.860	8.525	0.314	65.58	119.70	104.07	27.09	2.46	3.10	1.58	11.37	18.40	8.58	2.23
		8		12.303	9.658	0.314	73.49	136.97	116.60	30.39	2.44	3.08	1.57	12.83	20.61	9.46	2.27
		9		13.725	10.774	0.314	81.11	154.31	128.60	33.61	2.43	3.06	1.56	14.25	22.73	10.29	2.31
		10		15.126	11.874	0.313	88.43	171.74	140.09	36.77	2.42	3.04	1.56	15.64	24.76	11.08	2.35
9	90	6	10	10.637	8.350	0.354	82.77	145.87	131.26	34.28	2.79	3.51	1.80	12.61	20.63	9.95	2.44
		7		12.301	9.656	0.354	94.83	170.30	150.47	39.18	2.78	3.50	1.78	14.54	23.64	11.19	2.48
		8		13.944	10.946	0.353	106.47	194.80	168.97	43.97	2.76	3.48	1.78	16.42	26.55	12.35	2.52
		9		15.566	12.219	0.353	117.72	219.39	186.77	48.66	2.75	3.46	1.77	18.27	29.35	13.46	2.56
		10		17.167	13.476	0.353	128.58	244.07	203.90	53.26	2.74	3.45	1.76	20.07	32.04	14.52	2.59
		12		20.306	15.940	0.352	149.22	293.76	236.21	62.22	2.71	3.41	1.75	23.57	37.12	16.49	2.67

（续　表）

型号	截面尺寸/mm b	截面尺寸/mm d	截面尺寸/mm r	截面面积/cm²	理论重量/(kg/m)	外表面积/(m²/m)	惯性矩/cm⁴ I_x	I_{x1}	I_{x0}	I_{y0}	惯性半径/cm i_x	i_{x0}	i_{y0}	截面模数/cm³ W_x	W_{x0}	W_{y0}	重心距离/cm Z_0
10	100	6		11.932	9.366	0.393	114.95	200.07	181.98	47.92	3.10	3.90	2.00	15.68	25.74	12.69	2.67
		7		13.796	10.830	0.393	131.86	233.54	208.97	54.74	3.09	3.89	1.99	18.10	29.55	14.26	2.71
		8		15.638	12.276	0.393	148.24	267.09	235.07	61.41	3.08	3.88	1.98	20.47	33.24	15.75	2.76
		9		17.462	13.708	0.392	164.12	300.73	260.30	67.95	3.07	3.86	1.97	22.79	36.81	17.18	2.80
		10	12	19.261	15.120	0.392	179.51	334.48	284.68	74.35	3.05	3.84	1.96	25.06	40.26	18.54	2.84
		12		22.800	17.898	0.391	208.90	402.34	330.95	86.84	3.03	3.81	1.95	29.48	46.80	21.08	2.91
		14		26.256	20.611	0.391	236.53	470.75	374.06	99.00	3.00	3.77	1.94	33.73	52.90	23.44	2.99
		16		29.627	23.257	0.390	262.53	539.80	414.16	110.89	2.98	3.74	1.94	37.82	58.57	25.63	3.06

注：表中 r 的数据用于孔型设计，截面图中的 $r_1 = (1/3) d$。

表 B-2　热轧工字钢（GB/T 706—2008）

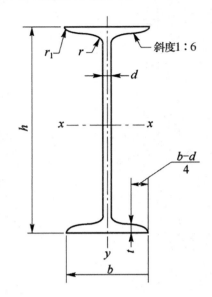

符号意义：

h——高度；　　　　r_1——腿端圆弧半径；　b——腿宽度；　　I——惯性矩；

r——内圆弧半径；d——腰厚度；　　　　　W——截面模数；t——平均腿厚度；

i——惯性半径。

型号	截面尺寸 /mm						截面面积 /cm²	理论重量 /(kg/m)	惯性矩 /cm⁴		惯性半径 /cm		截面模数 /cm³	
	h	b	d	t	r	r_1			I_x	I_y	i_x	i_y	W_x	W_y
10	100	68	4.5	7.6	6.5	3.3	14.345	11.261	245	33.0	4.14	1.52	49.0	9.72
12	120	74	5.0	8.4	7.0	3.5	17.818	13.987	436	46.9	4.95	1.62	72.7	12.7
12.6	126	74	5.0	8.4	7.0	3.5	18.118	14.223	488	46.9	5.20	1.61	77.5	12.7
14	140	80	5.5	9.1	7.5	3.8	21.516	16.890	712	64.4	5.76	1.73	102	16.1
16	160	88	6.0	9.9	8.0	4.0	26.131	20.513	1 130	93.1	6.58	1.89	141	21.2
18	180	94	6.5	10.7	8.5	4.3	30.756	24.143	1 660	122	7.36	2.00	185	26.0
20a	200	100	7.0	11.4	9.0	4.5	35.578	27.929	2 370	158	8.15	2.12	237	31.5
20b	200	102	9.0	11.4	9.0	4.5	39.578	31.069	2 500	169	7.96	2.06	250	33.1
22a	220	110	7.5	12.3	9.5	4.8	42.128	33.070	3 400	225	8.99	2.31	309	40.9
22b	220	112	9.5	12.3	9.5	4.8	46.528	36.524	3 570	239	8.78	2.27	325	42.7
24a	240	116	8.0	13.0	10.0	5.0	47.741	37.477	4 570	280	9.77	2.42	381	48.4
24b	240	118	10.0	13.0	10.0	5.0	52.541	41.245	4 800	297	9.57	2.38	400	50.4
25a	250	116	8.0	13.0	10.0	5.0	48.541	38.105	5 020	280	10.2	2.40	402	48.3
25b	250	118	10.0	13.0	10.0	5.0	53.541	42.030	5 280	309	9.94	2.40	423	52.4
27a	270	122	8.5	13.7	10.5	5.3	54.554	42.825	6 550	345	10.9	2.51	485	56.6
27b	270	124	10.5	13.7	10.5	5.3	59.954	47.064	6 870	366	10.7	2.47	509	58.9
28a	280	122	8.5	13.7	10.5	5.3	55.404	43.492	7 110	345	11.3	2.50	508	56.6
28b	280	124	10.5	13.7	10.5	5.3	61.004	47.888	7 480	379	11.1	2.49	534	61.2
30a	300	126	9.0	14.4	11.0	5.5	61.254	48.084	8 950	400	12.1	2.55	597	63.5
30b	300	128	11.0	14.4	11.0	5.5	67.254	52.794	9 400	422	11.8	2.50	627	65.9
30c	300	130	13.0	14.4	11.0	5.5	73.254	57.504	9 850	445	11.6	2.46	657	68.5

（续　表）

型号	截面尺寸/mm						截面面积/cm²	理论重量/(kg/m)	惯性矩/cm⁴		惯性半径/cm		截面模数/cm³	
	h	b	d	t	r	r_1			I_x	I_y	i_x	i_y	W_x	W_y
32a	320	130	9.5	15.0	11.5	5.8	67.156	52.717	11 100	460	12.8	2.62	692	70.8
32b		132	11.5	15.0	11.5	5.8	73.556	57.741	11 600	502	12.6	2.61	726	76.0
32c		134	13.5	15.0	11.5	5.8	79.956	62.765	12 200	544	12.3	2.61	760	81.2
36a	360	136	10.0	15.8	12.0	6.0	76.480	60.037	15 800	552	14.4	2.69	875	81.2
36b		138	12.0	15.8	12.0	6.0	83.680	65.689	16 500	582	14.1	2.64	919	84.3
36c		140	14.0	15.8	12.0	6.0	90.880	71.341	17 300	612	13.8	2.60	962	87.4
40a	400	142	10.5	16.5	12.5	6.3	86.112	67.598	21 700	660	15.9	2.77	1 090	93.2
40b		144	12.5	16.5	12.5	6.3	94.112	73.878	22 800	692	15.6	2.71	1 140	96.2
40c		146	14.5	16.5	12.5	6.3	102.112	80.158	23 900	727	15.2	2.65	1 190	99.6
45a	450	150	11.5	18.0	13.5	6.8	102.446	80.420	32 200	855	17.7	2.89	1 430	114
45b		152	13.5	18.0	13.5	6.8	111.446	87.485	33 800	894	17.4	2.84	1 500	118
45c		154	15.5	18.0	13.5	6.8	120.446	94.550	35 300	938	17.1	2.79	1 570	122
50a	500	158	12.0	20.0	14.0	7.0	119.304	93.654	46 500	1 120	19.7	3.07	1 860	142
50b		160	14.0	20.0	14.0	7.0	129.304	101.504	48 600	1 170	19.4	3.01	1 940	146
50c		162	16.0	20.0	14.0	7.0	139.304	109.354	50 600	1 220	19.0	2.96	2 080	151
55a	550	166	12.5	21.0	14.5	7.3	134.185	105.335	62 900	1 370	21.6	3.19	2 290	164
55b		168	14.5	21.0	14.5	7.3	145.185	113.970	65 600	1 420	21.2	3.14	2 390	170
55c		170	16.5	21.0	14.5	7.3	156.185	122.605	68 400	1 480	20.9	3.08	2 490	175
56a	560	166	12.5	21.0	14.5	7.3	135.435	106.316	65 600	1 370	22.0	3.18	2 340	165
56b		168	14.5	21.0	14.5	7.3	146.635	115.108	68 500	1 490	21.6	3.16	2 450	174
56c		170	16.5	21.0	14.5	7.3	157.835	123.900	71 400	1 560	21.3	3.16	2 550	183

（续　表）

型号	截面尺寸 /mm					截面面积 /cm²	理论重量 / (kg/m)	惯性矩 /cm⁴		惯性半径 /cm		截面模数 /cm³	
	h	b	d	t	r	r_1			I_x	I_y	i_x	i_y	W_x	W_y
63a	630	176	13.0	22.0	15.0	7.5	154.658	121.407	93 900	1 700	24.5	3.31	2 980	193
63b		178	15.0				167.258	131.298	98 100	1 810	24.2	3.25	3 160	204
63c		180	17.0				179.858	141.189	102 000	1 920	23.8	3.27	3 300	214

注：表中 r、r_1 的数据用于孔型设计。

表 B-3　热轧槽钢（GB/T 706—2008）

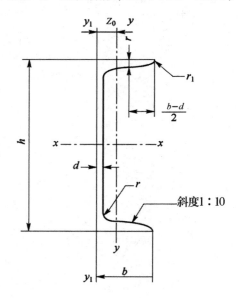

符号意义：

h——高度；　　　　r_1——腿端圆弧半径；　b——腿宽度；　　I——惯性矩；

d——腰厚度；　　　W——截面模数；　　　t——平均腿厚度；i——惯性半径；

r——内圆弧半径；Z_0——重心距离。

型号	截面尺寸 /mm						截面面积 / cm²	理论重量 / (kg/m)	惯性矩 /cm⁴			惯性半径 /cm		截面模数 /cm³		重心距离 /cm
	h	b	d	t	r	r_1			I_x	I_y	I_{y1}	i_x	i_y	W_x	W_y	Z_0
5	50	37	4.5	7.0	7.0	3.5	6.928	5.438	26.0	8.30	20.9	1.94	1.10	10.4	3.55	1.35
6.3	63	40	4.8	7.5	7.5	3.8	8.451	6.634	50.8	11.9	28.4	2.45	1.19	16.1	4.50	1.36
6.5	65	40	4.3	7.5	7.5	3.8	8.547	6.709	55.2	12.0	28.3	2.54	1.19	17.0	4.59	1.38
8	80	43	5.0	8.0	8.0	4.0	10.248	8.045	101	16.6	37.4	3.15	1.27	25.3	5.79	1.43
10	100	48	5.3	8.5	8.5	4.2	12.748	10.007	198	25.6	54.9	3.95	1.41	39.7	7.80	1.52
12	120	53	5.5	9.0	9.0	4.5	15.362	12.059	346	37.4	77.7	4.75	1.56	57.7	10.2	1.62
12.6	126	53	5.5	9.0	9.0	4.5	15.692	12.318	391	38.0	77.1	4.95	1.57	62.1	10.2	1.59
14a	140	58	6.0	9.5	9.5	4.8	18.516	14.535	564	53.2	107	5.52	1.70	80.5	13.0	1.71
14b	140	60	8.0	9.5	9.5	4.8	21.316	16.733	609	61.1	121	5.35	1.69	87.1	14.1	1.67
16a	160	63	6.5	10.0	10.0	5.0	21.962	17.24	866	73.3	144	6.28	1.83	108	16.3	1.80
16b	160	65	8.5	10.0	10.0	5.0	25.162	19.752	935	83.4	161	6.10	1.82	117	17.6	1.75
18a	180	68	7.0	10.5	10.5	5.2	25.699	20.174	1 270	98.6	190	7.04	1.96	141	20.0	1.88
18b	180	70	9.0	10.5	10.5	5.2	29.299	23.000	1 370	111	210	6.84	1.95	152	21.5	1.84
20a	200	73	7.0	11.0	11.0	5.5	28.837	22.637	1 780	128	244	7.86	2.11	178	24.2	2.01
20b	200	75	9.0	11.0	11.0	5.5	32.837	25.777	1 910	144	268	7.64	2.09	191	25.9	1.95
22a	220	77	7.0	11.5	11.5	5.8	31.846	24.999	2 390	158	298	8.67	2.23	218	28.2	2.10
22b	220	79	9.0	11.5	11.5	5.8	36.246	28.453	2 570	176	326	8.42	2.21	234	30.1	2.03

（续　表）

| 型号 | 截面尺寸/mm | | | | | | 截面面积/cm² | 理论重量/(kg/m) | 惯性矩/cm⁴ | | | 惯性半径/cm | | 截面模数/cm³ | | 重心距离/cm |
	h	b	d	t	r	r_1			I_x	I_y	I_{y1}	i_x	i_y	W_x	W_y	Z_0
24a	240	78	7.0	12.0	12.0	6.0	34.217	26.860	3 050	174	325	9.45	2.25	254	30.5	2.10
24b		80	9.0				39.017	30.628	3 280	194	355	9.17	2.23	274	32.5	2.03
24c		82	11.0				43.817	34.396	3 510	213	388	8.96	2.21	293	34.4	2.00
25a	250	78	7.0				34.917	27.410	3 370	176	322	9.82	2.24	270	30.6	2.07
25b		80	9.0				39.917	31.335	3 530	196	353	9.41	2.22	282	32.7	1.98
25c		82	11.0				44.917	35.260	3 690	218	384	9.07	2.21	295	35.9	1.92
27a	270	82	7.5	12.5	12.5	6.2	39.284	30.838	4 360	216	393	10.5	2.34	323	35.5	2.13
27b		84	9.5				44.684	35.077	4 690	239	428	10.3	2.31	347	37.7	2.06
27c		86	11.5				50.084	39.316	5 020	261	467	10.1	2.28	372	39.8	2.03
28a	280	82	7.5				40.034	31.427	4 760	218	388	10.9	2.33	340	35.7	2.10
28b		84	9.5				45.634	35.823	5 130	242	428	10.6	2.30	366	37.9	2.02
28c		86	11.5				51.234	40.219	5 500	268	463	10.4	2.29	393	40.3	1.95
30a	300	85	7.5	13.5	13.5	6.8	43.902	34.463	6 050	260	467	11.7	2.43	403	41.1	2.17
30b		87	9.5				49.902	39.173	6 500	289	515	11.4	2.41	433	44.0	2.13
30c		89	11.5				55.902	43.883	6 950	316	560	11.2	2.38	463	46.4	2.09
32a	320	88	8.0	14.0	14.0	7.0	48.513	38.083	7 600	305	552	12.5	2.50	475	46.5	2.24
32b		90	10.0				54.913	43.107	8 140	336	593	12.2	2.47	509	49.2	2.16
32c		92	12.0				61.313	48.131	8 690	374	643	11.9	2.47	543	52.6	2.09

（续 表）

型号	截面尺寸 /mm						截面面积 / cm²	理论重量 / (kg/m)	惯性矩 /cm⁴			惯性半径 /cm		截面模数 /cm³		重心距离 /cm
	h	b	d	t	r	r_1			I_x	I_y	I_{y1}	i_x	i_y	W_x	W_y	Z_0
36a	360	96	9.0	16.0	16.0	8.0	60.910	47.814	11 900	455	818	14.0	2.73	660	63.5	2.44
36b	360	98	11.0	16.0	16.0	8.0	68.110	53.466	12 700	497	880	13.6	2.70	703	66.9	2.37
36c	360	100	13.0	16.0	16.0	8.0	75.310	59.118	13 400	536	948	13.4	2.67	746	70.0	2.34
40a	400	100	10.5	18.0	18.0	9.0	75.068	58.928	17 600	592	1 070	15.3	2.81	879	78.8	2.49
40b	400	102	12.5	18.0	18.0	9.0	83.068	65.208	18 600	640	114	15.0	2.78	932	82.5	2.44
40c	400	104	14.5	18.0	18.0	9.0	91.068	71.488	19 700	688	1 220	14.7	2.75	986	86.2	2.42

注：表中 r、r_1 的数据用于孔型设计。

参 考 文 献

[1] 郭山国，王玉 . 工程力学 [M]. 2 版 . 北京：北京理工大学出版社，2019.

[2] 李雪，刘成 . 工程力学 [M]. 成都：西南交通大学出版社，2018.

[3] 张超平 . 工程力学 [M]. 成都：西南交通大学出版社，2017.

[4] 宋祥玲，刘深，孟朝霞 . 工程力学 [M]. 北京：北京理工大学出版社，2017.

[5] 刘星，卜铁伟 . 工程力学 [M]. 北京：北京理工大学出版社，2017.

[6] 屈劲松 . 工程力学 [M]. 成都：电子科技大学出版社，2019.

[7] 何培玲，邵国建，许成祥 . 工程力学 [M]. 北京：机械工业出版社，2019.

[8] 伍春发，张凤，高文秀 . 工程力学 [M]. 上海：上海交通大学出版社，2019.

[9] 赵祥全 . 工程力学 [M]. 延吉：延边大学出版社，2018.

[10] 李灵，王忠 . 工程力学 [M]. 武汉：华中科技大学出版社，2018.

[11] 张蕾，史惠珍，孙春荣 . 工程力学 [M]. 长沙：湖南师范大学出版社，2018.

[12] 汪丽 . 工程力学 [M]. 上海：同济大学出版社，2018.

[13] 杨山波，弓满锋，吴艳阳 . 工程力学 [M]. 成都：西南交通大学出版社，2018.

[14] 郭兴明 . 工程力学 [M]. 徐州：中国矿业大学出版社，2018.

[15] 符双学，李家宇 . 工程力学 [M]. 武汉：华中科技大学出版社，2017.

[16] 苑学众 . 工程力学 [M]. 北京：国防工业出版社，2017.

[17] 杨宏才，张宏伟 . 工程力学 [M]. 西安：陕西师范大学出版总社，2015.

[18] 于辉，白洁 . 工程力学 [M]. 北京：北京交通大学出版社，2015.

[19] 陆夏美，周新伟，刘毅 . 工程力学 [M]. 哈尔滨：哈尔滨工业大学出版社，2015.

[20] 王汝贵，宋秋红，弓满峰 . 工程力学 [M]. 武汉：华中科技大学出版社，2014.

[21] 马晓倩，张红梅 . 工程力学 [M]. 北京：中国商务出版社，2014.

[22] 郭谆钦 . 工程力学 [M]. 西安：西安电子科技大学出版社，2014.

[23] 陆晓敏，邓爱民 . 工程力学 [M]. 北京：国防工业出版社，2014.

[24] 谢传锋 . 静力学 [M]. 2 版 . 北京：高等教育出版社，2004.

[25] 程燕平 . 静力学 [M]. 哈尔滨：哈尔滨工业大学出版社，1999.

[26] 朱福源．静力学 [M]. 北京：中国青年出版社，1983.

[27] 刘秉正．静力学 [M]. 长春：吉林人民出版社，1980.

[28] 吴卫国．工程力学：静力学和动力学 [M]. 镇江：江苏大学出版社，2020.

[29] 吕江波，万隆君．工程力学：静力学与材料力学 [M]. 大连：大连海事大学出版社，2016.

[30] 杨晓翔．工程力学：静力学 [M]. 哈尔滨：哈尔滨工程大学出版社，1996.

[31] 庄立球，赵芳印．工程力学：静力学 [M]. 北京：高等教育出版社，1994.

[32] 李宏亮，李鸿．动力学 [M]. 哈尔滨：哈尔滨工程大学出版社，2014.

[33] 任彬，黄迪山．机械动力学 [M]. 上海：上海科学技术出版社，2018.

[34] 朱仕明．动力学 [M]. 武汉：华中科技大学出版社，2000.

[35] 李安椿．动力学 [M]. 北京：中国青年出版社，1984.

[36] 赵立财，李亮，彭延辉．材料力学 [M]. 成都：电子科技大学出版社，2020.